Tous nos ouvrages sont disponibles aux

Éditions Decoopman
Ferrières
30440 Saint-Laurent-le-Minier
Tel : +33 (0)4.67.73.90.95
web : www.decoopman.com
e.mail : livres@decoopman.com

Olivier Lacaux
Jean Castanier

I.S.B.N. 978-2-36965-217-5
Dépôt légal : 1e trimestre 2025

Ouvrages parus
aux Éditions **Decoopman**
Collection « ***Sciences & Techniques*** »

Auto / Moto

- *Embrayages & Feins* - R. Champly
- *Le carburateur* - R. Bardin
- *ABC des moteurs électriques* - R. Bardin
- *ABC du moteur Diesel* - A. Colmant
- *ABC du moteur de voiture* - L. Chrétien & R. Daman
- *ABC de l'allumage électrique des automobiles* - M. Apolit
- *ABC de l'allumage Delco* - A.M. Touvy
- *ABC de la moto* - Roland Tessier
- *ABC du carburateur* - M. Apolit
- *Motocyclettes et side-cars* - M. Zerolo

Chemins de fer

- *La locomotive* - U. Lamalle & F. Legein
- *La machine locomotive* – E. Sauvage
- *Les chemins de fer* – A. Guillemin
- *Locomotive & Chemin de Fer* – L. Figuier

Électricité

- *Des électromoteurs* - T. du Moncel
- *La machine de Gramme* - A. Breguet
- *La bobine Ruhmkorff* - A. Loiseau

Horlogerie

- *Encliquetages*
- *Échappements à ancre* - École de Cluses
- *Guide-manuel de l'Horloger* - C. Saunier
- *Histoire de l'Horlogerie* - P. Dubois
- *L'Horloger* - C. Poncet
- *L'art de connaître les montres* - J. Gondy
- *L'art de l'Horlogerie enseigné en trente leçons* - Anonyme
- *Les merveilles de l'Horlogerie* - Graffigny
- *L'horlogerie électrique* - G. Tobler
- *Traité d'horlogerie moderne* - C. Saunier

Hydraulique

- *Traité d'hydraulique* - N. Boquillon
- *Machines destinées à l'élévation des eaux* - A. Morin

Marine

- *La Marine française* - F. Roux
- *Des bateaux aux couleurs de la Gironde* - F. Jouison
- *Abécédaire des forces sous-marines* - P. Nôtre & J. L. Vichot
- *La Marine de guerre* – L. Huard
- *La Marine de guerre – A. Sauvaire-Jourdan*
- *La navigation sous-marine* – G.L. Pesce
- *Les bateaux automobiles à pétrole* - R. Champly
- *Les paquebots à grande vitesse – M. Dumoulin*
- *Les Torpilles* – E. Hennebert
- *Sous-marins & submersibles - Max Laubeuf*
- *L'Artillerie moderne (Le monde industriel)* – L. Huard

Mécanique

- *507 Mouvements mécaniques* – H. Brown
- *760 mouvements mécaniques* - G. Vander Haeghen
- *Appareils d'obturation* - J. Gary et A. Druot
- *Des mécanismes élémentaires* - L.E. Loche
- *Engrenages & Transmissions* – G. Franche
- *Engrenages et vis sans fin* - R. Champly
- *Les Machines* – E. Collignon

Ouvrages parus
aux Éditions **Decoopman**
Collection « ***Sciences & Techniques*** »

Mécanique (suite)

- *Les mouvements mécaniques* - M. Nicaise
- *Mécanismes des machines* - H. Leblanc
- *Notions de technologie mécanique* - P. Beauvais
- *Organes de transmission* - R. Champly
- *Organes de machines* - J. Gary et A. Druot
- *Organes auxiliaires des machines* - R. Champly
- *Traité de mécanique industrielle* - S. Flachat
- *Traité pratique des engrenages* - L. Wève
- *Transmission du mouvement* - J. Gary et A. Druot

Métiers

- *Comment on devient forgeron* - R. Champly
- *Forges et fonderies* - G. Franche
- *La serrurerie* - H. Havard
- *Manuel du luthier* - Maugin & Maigne
- *Histoire de l'imprimerie* - P. Lacroix
- *L'art du luthier* - A. Tolbecque
- *Accordeur de pianos* - G. Huberson

Moteurs

- *Réparation et mise au point des moteurs Diesel* - N. L. Erpelding
- *Moteurs d'aviation - France 1920* - R. Bardin
- *Moteurs d'aviation* - C. Martinot-Lagarde
- *Le moteur sans soupape Knight* - A. Contet
- *Les Moteurs* – H. de Graffigny
- *Les moteurs à vent* - R. Champly
- *Moteurs* - Max de Nansouty
- *Moteurs & Gazogènes* – L. Letombe

Moteurs Stirling

- *D'Asap à Rhombic 160* - D. Lyonnet
- *Fabriquer des moteurs Stirling* - A. Ross
- *Petits moteurs Stirling pour l'amateur* – D. Lyonnet

Vapeur

- *Catéchisme des Chauffeurs* - Collectif
- *Distribution de la vapeur* - M. Castelnau
- *Distribution de la vapeur dans les machines* - A. Spineux
- *Gouvernails à vapeur* FARCOT – J. Farcot
- *Histoire de la machine à vapeur* – R.H. Thurston
- *L'A.B.C. du Chauffeur* – H. Mathieu
- *Les bateaux à vapeur* – L. Figuier
- *Les Locomobiles* – L. Figuier
- *Les machines à vapeur* - J.P. Delaby
- *La machine à vapeur* – E. Sauvage
- *La Vapeur – A. Guillemin*
- *Tiroirs et distributeurs de vapeur* – A. Madamet

L'HÉLICE AÉRIENNE

Hector POULEUR

1912

L'hélice est l'un des éléments essentiels des appareils d'aviation : les dirigeables lui doivent la translation, de même les aéroplanes, qui y trouvent par surcroît la sustentation et peut-être bientôt verrons-nous des hélicoptères, dont le fonctionnement reposera tout entier sur l'hélice. L'étude en est donc des plus utile et l'on ne peut que souhaiter de voir se multiplier les expériences destinées à nous en faire connaître le fonctionnement dans les conditions les plus diverses.

Tout au début de cette étude, il convient d'attirer l'attention sur ce fait que l'on ne peut transporter intégralement à l'hélice aérienne nos connaissances actuelles sur l'hélice se mouvant dans l'eau. Il y a de telles différences entre l'une et l'autre qu'on est en droit de s'étonner de la facilité avec laquelle théoriciens et praticiens passent de l'une à l'autre sans avoir, au préalable, justifié du bien-fondé d'une telle assimilation. Et cependant, combien ne devrait-on pas être circonspect dans cette voie quand on pense aux différences essentielles que présentent les deux fluides en question : l'un, léger, compressible et défendable aisément; l'autre près de 800 fois plus lourd, incompressible et indéfendable.

Du fait seul de sa faible densité, l'air est incomparablement plus apte que l'eau à suivre les mouvements que lui dicte le jeu des pressions. À une même dépression manométrique créée par deux propulseurs, l'un dans l'eau, l'autre dans l'air, nous aurons des vitesses d'accès bien différentes puisqu'elles s'expriment par

$$V = \sqrt{2gH}$$

où H est l'expression en mètres du fluide qui se déplace, de la dépression manométrique en cause. Pour l'air, H sera environ 775 fois plus grand que pour l'eau, soit une vitesse plus de 27 fois plus grande.

La méconnaissance des modifications profondes qu'une telle différence peut apporter dans le fonctionnement des hélices, a été cause que bien des auteurs ont sciemment négligé certaine source de renseignements précieux sur le fonctionnement des hélices aériennes : nous voulons parler des essais au point fixe.

Encore qu'ils représentent la presque totalité des essais d'hélices, ils ne jouissent guère d'une grande considération auprès des techniciens, qui leur reprochent de donner des renseignements sur l'hélice travaillant tout à fait en dehors de ses conditions normales de fonctionnement.

Ce reproche, plus apparent que fondé, comme nous le verrons plus loin, a dû naître pour la première fois sous la plume d'un ingénieur naval qui, nous le reconnaissons volontiers, a de bonnes raisons de n'accorder que peu de valeur à ces sortes d'essais pour les hélices marines. Et certes, tout qui a vu le bouillonnement tumultueux à l'arrière d'un bateau qui démarre et l'a comparé au sillage régulier du même bateau en vitesse, est vraiment en droit d'être sceptique quant aux résultats pratiques des essais au point fixe.

Mais ce qui est vrai pour l'eau, l'est-il pour l'air et les phénomènes n'ont-ils pas plus de régularité dans ce dernier fluide ? La réponse ne nous paraît pas douteuse et pour ne citer qu'une cause de perturbation, non des moindres, il est vrai, la cavitation, nous pouvons dire déjà qu'elle a, dans l'air, bien moins de facilité de se produire que dans l'eau comme l'indique à l'évidence le fait que les constructeurs n'ont pas craint d'atteindre et de dépasser une vitesse circonférentielle de 200 m à la seconde pour l'extrémité de l'aile de leurs hélices aériennes. Il va sans dire que les architectes navals n'y ont jamais pensé.

La classique objection que dans les essais au point fixe l'air n'afflue pas aisément à l'hélice n'est guère fondée. Il suffit pour s'en rendre compte de s'être trouvé une seule fois derrière une hélice tournant et d'avoir éprouvé la violence du flux d'air refoulé et de penser que cet air qui sort a dû entrer dans l'hélice. Certes, il est hors de doute qu'en marche, l'alimentation pour ainsi dire de l'hélice est meilleure qu'au point fixe; mais il serait injuste pour cela de dénier toute valeur aux essais que maints observateurs se sont ingéniés à parfaire sur l'hélice tournant à poste fixe.

C'est parce que nous nous proposons de nous étendre assez longuement sur ces sortes d'essais que nous avons jugé utile de les justifier par avance devant les personnes de qui le siège est fait et qui ne leur accordent guère qu'une miséricordieuse attention.

Et comme à la fin de nos études de quelques essais d'hélice remorquée, nous avons trouvé que l'hélice la meilleure était aussi la meilleure au point fixe, nous espérons qu'on nous permettra de nous servir de cet argument pour démontrer l'opportunité d'une étude approfondie du fonctionnement des hélices à poste fixe.

- I -

L'hélice au point fixe

Méthodes et appareils d'essai

Les appareils pour l'essai des hélices au point fixe ont varié avec les divers observateurs qui les ont construits et il serait long et fastidieux de les décrire tous. En thèse générale, ils sont disposés de manière à permettre la mesure simultanée de la poussée de l'hélice et du travail nécessaire à la produire. En outre, on mesure le nombre de tours et parfois même il est tenu compte de la pression barométrique et de la température, éléments nécessaires à la détermination du poids du mètre cube d'air dans les conditions de l'essai.

À titre d'exemple, nous décrirons l'appareil employé à l'*Institut Aérodynamique de Koutchino* pour l'essai des grandes hélices[1]. Dans cet appareil, représenté par les figures 1 et 2, l'axe vertical autour duquel tourne l'hélice à essayer peut librement monter, descendre et tourner dans les paliers M M_1 M_2 en s'appuyant par son extrémité inférieure sur la crapaudine à billes *b* qui est suspendue sur couteaux au fléau e du dynamomètre à ressort D, au moyen duquel on évalue la poussée de l'hélice en tenant compte à chaque observation du poids de l'axe et de l'hélice déterminé d'avance. Un électromoteur de 14 HP, par l'intermédiaire de la courroie sans fin *e*, met en rotation la roue F. Sur le même axe, est calée la vis sans fin *g* qui transmet le mouvement à la roue dentée I fixée à l'arbre creux *h*. Sur ce même arbre est calée la roue d'angle du dynamomètre O Q R P. Le pignon Q du dynamomètre est

[1] *Bulletin de l'Institut Aérodynamique de Koutchino*, 2e fascicule, pp. 41 et suivantes.

Fig. 1.

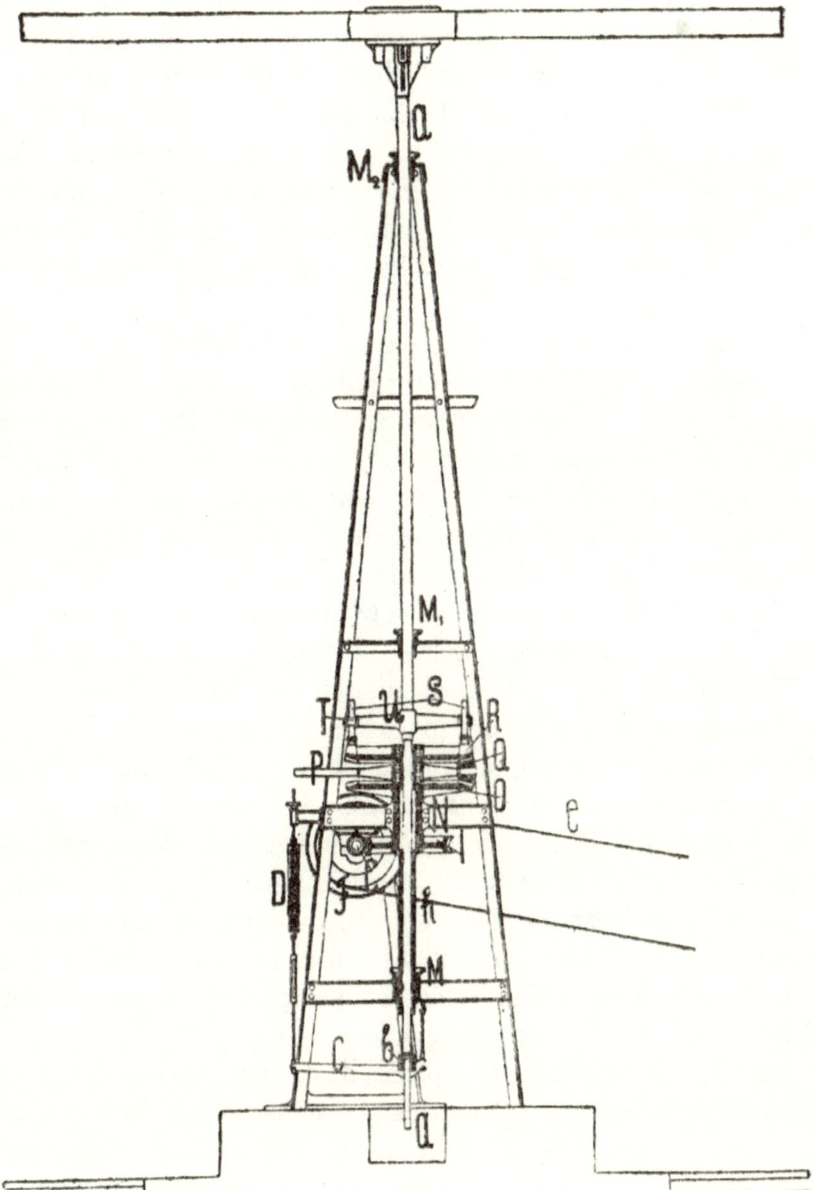

Fig. 2.

monté fou sur l'arbre P Q qui peut, à son tour, librement tourner dans un coussinet à bille autour de l'arbre *h*. Sur la troisième roue d'angle R, qui est folle sur l'arbre *h*, sont assujettis les deux doigts S qui, lorsque l'hélice tourne, pressent sur les deux petites poulies folles qui sont placées aux extrémités de l'axe *u* calé sur l'arbre de l'hélice *a*. En mesurant sur l'arbre P le moment qui tend à le faire tourner autour de l'arbre *h*, on évalue le moment résistant de l'hélice. Le moment d'inertie des grandes hélices pouvant être considérable, en vue d'éviter les chocs au moment de l'arrêt du moteur, les doigts S sont disposés de manière à céder et à rendre l'hélice libre quand l'arbre *u* les reprend par-derrière par suite de sa vitesse plus grande.

L'appareil de mesure de la poussée — dynamomètre à ressort — et celui qui sert à déterminer le moment résistant — poids avec fil passant sur poulie avant de s'amarrer à l'extrémité du levier PQ — sont bien visibles sur la photographie fig. 1.

D'autres appareils d'essai s'inspirent davantage de la balance dynamométrique du Colonel Renard, que diverses publications techniques ont maintes fois reproduite.

D'autres encore, remarquablement pratiques, réunissent le moteur et l'hélice sur une plateforme mobile — suspendue ou montée sur roues — et permettent de mesurer les réactions de la plateforme.

À cette sorte appartiennent l'appareil dont nous nous sommes servis dans nos expériences et celui qu'a employé M. Boyer-Guillon pour ses remarquables essais au Conservatoire des Arts et Métiers à Paris[2]. L'hélice est montée de façon à refouler l'air dans la direction opposée à la plateforme et la réaction de cette dernière se mesure au dynamomètre à ressort ou à la balance coudée. Quant au moment résistant, on peut le déterminer soit comme l'a fait M. Boyer-Guillon au moyen d'un dynamomètre de transmission soit, comme nous l'avons fait, en tarant au préalable le moteur électrique employé.

La valeur de ces différents appareils d'essai réside moins dans leurs dispositions de principe que dans la perfection de leur réalisation ; à ce point de vue les essais de M. Boyer-Guillon semblent n'avoir rien laissé à désirer et comme d'autre part ils ont généralement été étendus plus loin — dans la région des poussées et des puissances pratiques —

[2] *Bulletin de la Société des Ingénieurs Civils de France*, Août 1909.

que ceux de M. Riabouchinsky, nous les étudierons dans certains cas de préférence à ces derniers, plus complets cependant au point de vue théorique.

Mais avant de passer à l'étude des résultats d'essais, il nous paraît indispensable d'exposer une théorie élémentaire de l'hélice qui nous servira à disséquer — pour ainsi dire — les chiffres obtenus et à jeter ainsi plus de clarté dans la question du fonctionnement des hélices.

Théorie rationnelle de l'hélice

Il a été proposé pour l'hélice de multiples théories que l'on pourrait appeler mécaniques, car elles se basent sur l'étude des efforts exercés par la veine fluide sur les éléments d'abord des pales, puis par intégration sur l'hélice tout entière. Ces théories de base incertaine, impuissantes à étudier le fonctionnement au point fixe, ont par surcroît l'inconvénient d'exiger des développements de calcul considérables et de n'aboutir le plus souvent qu'à des formules inutilisables.

Pour ces raisons, on a senti le besoin d'une théorie rationnelle simple, rendant bien compte des principaux phénomènes et se prêtant aisément au calcul. L'une des premières a été présentée par le Colonel Renard, elle est maintenant bien connue de tous et les auteurs l'ont maintes fois exposée.

Encore qu'elle ne soit pas impeccable dans ses développements successifs, elle a abouti à deux formules simples que l'on ne remplacera pas. Sans reproduire ici les raisonnements de Renard, nous rappellerons qu'il a trouvé pour la poussée et le travail consommé les relations suivantes :

$$P = \alpha\, n^2\, D^4$$

$$T = \beta\, n^3\, D^5$$

α et β sont deux coefficients caractéristiques de l'hélice, D en est le diamètre et n le nombre de tours.

En élevant la poussée au cube et le travail au carré, on obtient deux expressions du même degré en n et en faisant le quotient, il reste une expression en D^2 que l'on peut égaler à une surface. Renard posait :

$$P^3 / T^2 = KS_1$$

et définissait ainsi (en admettant pour K la valeur 0,085 du coefficient de résistance des plaques rencontrées orthogonalement) une surface fictive S_1 dont le rapport à la surface du cercle balayé par les ailes de l'hélice, était appelé *qualité du sustentateur*. En remarquant que cette dernière surface est $\pi D^2 / 4$ que, en outre, $4 / \pi \times 0{,}085 = 15$, on voit que la qualité s'exprime par la formule :

$$Q = P^3 / T^2 \ . \ 15 / D^2$$

C'est de ce coefficient que Renard se servait pour comparer des hélices différentes. Les auteurs français l'emploient encore volontiers et nous verrons par la suite qu'il se relie aisément à un autre coefficient que nous avons appelé rendement organique de l'hélice.

La théorie que nous employons de préférence pour l'étude des essais d'hélice se base tout entière sur la mécanique rationnelle seule. L'hélice travaillant par réaction, on conçoit qu'il est possible d'en établir la théorie en se basant sur le théorème des quantités de mouvement. Nous l'avons exposée, après d'autres auteurs dans la *Revue Universelle des Mines* etc., 4e série, tome XXIX, page 48, 54e année, 1910, et si nous y revenons, c'est que nous avons eu depuis l'occasion de l'appliquer à de nouveaux essais que nous examinerons plus loin.

Qu'une hélice soit au point fixe, ou qu'elle se meuve suivant son axe avec une certaine vitesse, elle est traversée par une veine d'air affectant, aux abords de l'hélice, la forme d'un cylindre dont la section est le cercle balayé par les ailes.

Dans ces conditions, la poussée suivant l'axe due à la réaction du fluide débité est égale à la variation de la quantité de mouvement — suivant l'axe également — de la masse d'air qui passe dans l'unité de temps.

Une hélice, travaillant au point fixe, prenant par seconde une masse M d'air à la vitesse O dans l'atmosphère, et la refoulant à la vitesse V est capable d'une poussée :

$$P = MV$$

Pour communiquer à cette masse M la vitesse V, il faut évidemment dépenser un travail égal à l'énergie cinétique actuelle de cette masse, égal par conséquent à :

$$T = \tfrac{1}{2} MV^2$$

soit une puissance en chevaux :

$$T' = \tfrac{1}{75} \times \tfrac{1}{2} MV^2 = \tfrac{1}{150} MV^2$$

La poussée par cheval sera

$$P / T' = 150 / V$$

et nous estimons que cette expression peut représenter le maximum de poussée par cheval que l'on est en droit d'espérer du propulseur hélicoïdal le plus parfait qu'il nous sera donné d'établir. Ce maximum varie en raison inverse de la vitesse de sortie de l'air : égal à 15 kg par HP pour une vitesse de 10 m par seconde, il n'est plus que 5 kg si la vitesse atteint 30 m.

Si l'on remarque que l'air est débité en un cylindre de section égale au cercle balayé, on peut écrire qu'une hélice de diamètre D débite par seconde à la vitesse V un volume :

$$\pi D^2/4 \ V$$

dont la masse est :

$$\pi D^2/4 \ V \ \Delta / g$$

en appelant Δ le poids du m³. L'expression de la poussée prend la forme :

$$P = \pi D^2/4 \ V \ \Delta / g V = \pi D^2/4 \ \Delta / g V^2$$

et celle de la puissance :

$$T' = \tfrac{1}{75} . \tfrac{1}{2} \pi D^2/4 \ \Delta / g V^3$$

Elles nous permettent de calculer P et T' pour une hélice quelconque débitant l'air à la vitesse V. Au point de vue poussée seule, il est indifférent de choisir D ou V grand, puisque c'est le produit de deux qui figure dans l'expression; mais au point de vue puissance, on voit qu'il y a avantage à réduire V et à augmenter D, car V y figure au cube et D au carré seulement. En faisant par exemple D = 2 m, V = 10 m, on voit que l'on peut obtenir une poussée :

$$P = \pi \times \overline{2}^2 / 4 \times 1{,}29/9{,}81 \times \overline{10}^2 = 41{,}3 \text{ kg}$$

avec une puissance :

$$T' = \tfrac{1}{150} \pi \times 2^2 / 4 \times 1{,}29/9{,}81 \times 103 = 2{,}76 \text{ HP}$$

Mais si l'on construit une hélice de 2 m de diamètre et si on la fait tourner de manière à donner 41,3 kgs de poussée, on constatera qu'elle absorbe plus de 2,76 HP ; cela provient de ce que cette hélice ne fonctionne pas idéalement comme l'hélice théorique et nous avons proposé de se servir de ce fait pour définir le rendement des hélices.

Calcul du rendement

Pour calculer le rendement d'une hélice il faut, après en avoir fait l'essai au point fixe — de préférence à diverses allures — comparer les résultats de cet essai à ceux qu'aurait donnés une hélice théoriquement parfaite de même diamètre.

À titre d'exemple, prenons l'hélice n° 1 de M. Bayer-Guillon ; elle mesure 1 m de diamètre et, pour une puissance de 2,713 HP, a donné une poussée de 15 kgs.

Une hélice théorique de 1 m de diamètre pour donner 15 kgs de poussée devrait débiter l'air à une vitesse V telle que :

$$P = 15 = \frac{\pi D^2}{4} \frac{\Delta}{g} V^2 = \frac{\pi \times 1^2}{4} \times \frac{1,29}{9,81} V^2$$

d'où

$$V^2 = 146 \qquad V = 12 \text{ m par seconde}$$

Dans ces conditions la puissance nécessaire eût été :

$$T' = \frac{1}{150} \times \frac{\pi \times T^2}{4} \times \frac{1,29}{9,81} \times \overline{12}^3 = 1,19 \text{ HP}$$

La puissance réellement consommée ayant été de 2.713 HP, le rendement :

$$\rho = 1,19 / 2,713 = 44\%$$

Nous avons exposé dans notre mémoire précédemment rappelé que cette méthode de calcul pouvait être légèrement modifiée. On peut, de la formule du travail, tirer la valeur numérique de la vitesse, calculer avec cette valeur quelle devrait être la poussée et par comparaison avec la poussée réellement obtenue, calculer le rendement. Pour l'hélice ci-dessus on trouve 58,3 %.

Pour diverses raisons, nous avions dans notre travail précédent, donné la préférence à cette seconde méthode ; mais actuellement nous inclinons à croire que la première est plus exacte. Les conclusions de notre première étude n'en sont pas infirmées puisqu'aussi bien il ne s'agit que de trouver un coefficient permettant de comparer les différentes hélices et les deux rendements ci-dessus restent toujours proportionnels.

Il est possible de déduire les formules de Renard des expressions qui précèdent et de relier simplement la *qualité* au *rendement*.

Nous verrons plus loin, en effet, que la vitesse réelle de sortie de l'air est à très peu près proportionnelle au nombre de tours. Il est donc logique d'admettre qu'il en est de même dans l'appareil idéal et en particulier que cette vitesse de sortie y est égale à l'avance par seconde ou produit du pas par le nombre de tours par seconde. Si de plus nous exprimons le pas par une fraction λ du diamètre, nous aurons successivement :

$$V = n \lambda D$$

$$P = \frac{\pi D^2}{4} \frac{\Delta}{g} n^2 \lambda^2 D^2 = \alpha n^2 D^4$$

et

$$T = \frac{1}{2} \frac{\pi D^2}{4} \frac{\Delta}{g} n^3 \lambda^3 D^3 = \beta n^3 D^5$$

en posant α et Δ égaux aux coefficients numériques. Ce sont bien là les formules de Renard.

Comme le rapport du pas au diamètre est une des données de l'hélice, il vaudrait mieux, selon nous, ne pas englober λ^2 dans le coefficient α, ni λ^3 dans β et écrire, avec une approximation suffisante pour ces sortes de formules :

$$P = 1/10\, n^2 \lambda^2 D^4$$

$$T = 1/20\, n^3 \lambda^3 D^5$$

Les essais de Renard l'avaient conduit à admettre pour l'hélice optimum un coefficient λ égal à 0,75, d'où :

$$P = 0{,}056\, n^2 D^4$$

$$T = 0{,}021\, n^3 D^5$$

Ces coefficients représentent les maxima que peut donner une hélice parfaite type Renard.

Quoi qu'il en soit des valeurs absolues des coefficients α et β, on voit que la théorie autorise à écrire :

$$P = \alpha n^2 D^4$$

$$T = \beta n^3 D^5$$

et nous verrons plus loin que l'expérience vérifie l'exactitude de ces formules. Proposons-nous maintenant de calculer le rendement de cette hélice. Nous écrirons :

$$P = \alpha n^2 D^4 = \frac{\pi D^2}{4} \frac{\Delta}{g} V^2$$

d'où

$$V = \sqrt{\frac{4 \alpha n^2 g D^2}{\pi \Delta}}$$

À cette vitesse correspond un travail théorique :

$$T' = \frac{1}{2} \frac{\pi D^2}{4} \frac{\Delta}{g} V^3 = \frac{1}{2} \frac{\pi D^2}{4} \frac{\Delta}{g} \left(\frac{4 \alpha n^2 g D^2}{\pi \Delta} \right)^{\frac{3}{2}}$$

ou

$$T' = \alpha^{\frac{3}{2}} \sqrt{\frac{g}{\pi \Delta}} n^3 D^5$$

Le travail réellement consommé ayant été T, le rendement est :

$$\rho = \frac{T'}{T} = \frac{\alpha^{\frac{3}{2}}}{\beta} \sqrt{\frac{g}{\pi \Delta}} = \frac{\alpha^{\frac{3}{2}}}{\beta} \sqrt{2{,}41} = 1{,}55 \frac{\alpha^{\frac{3}{2}}}{\beta}$$

or la qualité, telle que l'a définie le colonel Renard est :

$$Q = \frac{P^3}{T^2} \frac{15}{D^2} = \frac{15}{D^2} \frac{\alpha^3 n^6 D^{12}}{\beta^2 n^6 D^{10}} = 15 \frac{\alpha^3}{\beta^2} = \frac{15}{2.41} \rho^2 = 6 \rho^2$$

La qualité suivant Renard est donc environ 6 fois le carré de la grandeur que nous avons appelé le rendement de l'hélice. Ce rendement ayant pour maximum 1, on en conclut que le maximum de qualité est 6.

Dans notre premier mémoire sur ce sujet, nous n'avions pas encore établi ce résultat qui relie de façon si intime notre méthode de calcul à celle qu'employait le colonel Renard. En tout état de cause, il nous paraît que la notion du rendement a, sur celle de la qualité, l'avantage d'être plus concrète, de mieux parler à l'esprit et de se rapprocher davantage des coefficients par lesquels les techniciens jugent généralement de la valeur des appareils qu'ils étudient.

Notre formule du rendement se rattache également très aisément aux coefficients employés par M. Riabouchinsky pour l'étude des hélices[3]. Et même comme cet auteur emploie des coefficients α et β différents de ceux de Renard, et en fait pose :

$$P = \alpha N^2 R^4 \pi \Delta m$$
$$T = \tfrac{1}{2} \beta N^3 R^5 \pi \Delta m$$

[3] *Bulletin de l'Institut Aérodynamique de Koutchino*, 2e fascicule, pp. 50 et suivantes.

on trouve :

$$\rho = \alpha^{3/2} / \beta$$

c'est-à-dire précisément ce que M. Riabouchinsky a appelé *efficacité de l'hélice.*

Remarquons en passant — et cela afin de faciliter la comparaison des chiffres des auteurs français et de l'Institut de Koutchino — que par suite de la différence des notations, les coefficients α et β de Koutchino sont respectivement 38,5 et 154 fois plus grands que ceux de Renard. Dans les formules ci-dessus, Δ est la densité de l'air et m le poids du m^3 à 0° et sous 760 mm de mercure.

Lois du fonctionnement des hélices

De ce que les coefficients α et β sont constants pour une même hélice tournant à différents régimes et même ne varient guère pour des hélices géométriquement semblables, on conclut d'abord que le rendement de ces hélices est constant et ceci va nous permettre de formuler un certain nombre de lois du fonctionnement des hélices. Dans notre précédent mémoire, nous les avions déduites de calculs sur les résultats d'essais, mais les considérations que nous avons émises plus haut à l'occasion du rendement nous dispensent de reproduire ici les tableaux et calculs en question.

Nous pouvons en effet formuler dès maintenant qu'une hélice réelle travaille comme le ferait une hélice idéale — au rendement près bien entendu.

En particulier, la poussée par cheval (efficacité de Renard) sera bien inversement proportionnelle à la vitesse de sortie, mais le coefficient au lieu d'être 150 (voir p. 10) sera 150 ρ et nous écrirons :

$$P / T = K \ 1/V$$

pour exprimer que :

La poussée par HP est inversement proportionnelle à la vitesse de sortie de l'air.

Cette vitesse de sortie étant proportionnelle au nombre de tours, on pourra écrire :

$$P / T = K \ 1/n$$

et énoncer que :

La poussée par HP est inversement proportionnelle au nombre de tours.

Les formules générales nous ont montré que la poussée totale est proportionnelle au carré de la vitesse d'écoulement. Comme en fait, dans les essais, cette vitesse est rarement déterminée alors qu'au contraire on mesure toujours la poussée, il est logique de retourner la proposition, de remarquer que la vitesse de sortie est proportionnelle à la racine carrée de la poussée et d'en déduire :

$$P / T = K \, 1/\sqrt{P}$$

que :

la poussée HP est inversement proportionnelle à la racine carrée de la poussée totale.

Cet énoncé sera particulièrement utile lorsqu'on n'aura à sa disposition que la poussée et la puissance consommée au cours d'un essai et qu'on désirera savoir quelle puissance il faudrait développer pour produire une poussée donnée.

Une hélice essayée a donné, par exemple, 30 kgs de poussée pour 3,47 HP. À quelle puissance donnera-t-elle 60 kgs de poussée ?

Les 30 kgs de poussée ont été produits au taux de 30/3,47 = 8,65 kgs par HP. Les 60 kgs seront obtenus au taux x tel que :

$$\frac{x}{8{,}65} = \frac{\sqrt{30}}{\sqrt{60}} = \frac{5{,}48}{7{,}75}$$

$$x = 6{,}12$$

ce qui correspond à une puissance

$$T = 60/6{,}12 = 9{,}8 \text{ HP}$$

L'expérience a donné 9,79 HP (hélice n° 2 de M.Boyer- Guillon). Il convient de ne pas perdre de vue que ces lois ne sont fondées que pour la comparaison des divers régimes d'une même hélice ou d'hélices géométriquement semblables.

Pour des hélices tout à fait différentes, il faut tenir compte de ce que le rendement peut en être différent. En particulier, le pas exerce une grande influence, ainsi que nous le verrons plus loin.

Des formules générales :

$$P = \alpha \, n^2 \, D^4 \qquad T = \beta \, n^3 \, D^5$$

on tire :

$$\frac{P}{T'} = \frac{\alpha}{\beta n D} = \gamma \frac{1}{n D}$$

relation qui montre que :

a poussée par HP est inversement proportionnelle au produit du nombre de tours par le diamètre.

Les deux éléments *n* et D se valent pour ainsi dire et une hélice de 1 m de diamètre à 1000 tours donnera par exemple 8 kgs de poussée par HP, tout comme une hélice semblable de 2 m de diamètre les donne à 500 tours. Mais en pratique, il s'agit de réaliser une poussée donnée avec le minimum de puissance et l'on sait bien que la solution la plus avantageuse est donnée par l'hélice de grand diamètre. Nous pouvons chiffrer cet avantage en comparant les puissances consommées par deux hélices de diamètres D et D' = μ D pour produire une même poussée P. On a successivement :

$$P = \alpha n^2 D^4 \qquad P = \alpha n'^2 D'^4 = \alpha n'^2 \mu^4 D^4$$

$$n'^2 = n^2 \frac{1}{\mu^4} \qquad n' = \frac{n}{\mu^2}$$

$$T = \beta n^3 D^5 \qquad T' = \beta n'^3 D'^5 = \beta n^3 D^5 \frac{\mu^5}{\mu^6} = \frac{T}{\mu},$$

d'où la loi :

Une hélice de diamètre μD, tournant μ² fois plus lentement que l'hélice de diamètre D, produira la même poussée avec un travail μ fois plus petit.

L'avantage des hélices multiples peut de même être mis en évidence. Si pour produire une poussée totale P, au lieu d'une hélice nous en employons υ identiques, chacune d'elles n'aura à développer qu'une poussée P / υ.

De sorte qu'avec une hélice : $P = \alpha n^2 D^4$ $\qquad T = \beta n^3 D^5$

et avec υ hélices :

$$P = \nu \frac{P}{\nu} = \nu \alpha n'^2 D^4 \qquad n^2 = \nu n'^2 \qquad n' = \frac{n}{\sqrt{\nu}}$$

$$T' = \nu \beta n'^3 D^5 = \frac{T}{\sqrt{\nu}}$$

υ hélices de diamètre D produisent la même poussée qu'une hélice de même diamètre en tournant $\sqrt{\upsilon}$ fois moins vite et en consommant $\sqrt{\upsilon}$ fois moins de travail.

Résultats d'essais

Les essais d'hélices les plus complets et les plus méthodiques sont, à notre connaissance, ceux qui ont été faits à l'Institut aérodynamique de Koutchino et dont le compte rendu, forme presque la totalité du 2e fascicule de son bulletin. Ils ont porté successivement sur des hélices de diamètre variant de 0,25 m à 4 m, de pas différents de 0 à 3 D, d'angle au centre croissant de 12° à 144° ; de formes d'ailes les plus diverses et les résultats constituent une mine quasi inépuisable de documents presque introuvables ailleurs.

Nous ne pouvons en donner ici qu'un résumé assez succinct, mais nous examinerons cependant chacune des séries d'essais effectués et en reproduirons les intéressantes conclusions.

Moins complets que ceux dont nous venons de parler, les essais du Conservatoire des Arts et Métiers de Paris leur sont cependant parfois supérieurs au point de vue pratique parce qu'ils se sont étendus plus loin presque jusqu'aux régimes où les hélices sont réellement employées sur les aéroplanes. Par exemple, M. Riabou-chinsky arrête à 9 kg de poussée l'essai d'une hélice de 2 m de diamètre, M. Bayer-Guillon atteint 60 kg et même davantage et les aviateurs lui demandent environ 100 kg.

Vérification des formules de Renard

La première vérification des formules générales fournies par la théorie porte généralement sur la proportionnalité des poussées au facteur n^2D^4 et des travaux au produit n^3D^5.

Dans ce but, le laboratoire de Koutchino a successivement essayé 7 hélices semblables à surface hélicoïde pure, de pas constant égal aux trois quarts du diamètre, ce dernier prenant les valeurs 0,25 m, 0,30 m, 0,50 m, 1,5 m, 2, 3 et 4 m. Sur chaque hélice, cinq essais ont été faits à diverses vitesses, les coefficients α et β de la poussée et du travail ont été calculés et de leurs moyennes ont été tirées les valeurs de l'efficacité E que nous avons vue être égale au rendement. Nous les reproduisons dans le tableau suivant :

Diamètre	α	β	E
0,25	0,591	1,55	0,293
0,30	0.724	1,63	0,376
0,50	0,537	1,43	0,276
1,50	0,602	1,55	0,301
2,00	0,668	1,86	0,293
3,00	0,730	1,80	0,346
4,00	0,753	1,72	0,380
Moyennes	0,658	1,65	0,324

La concordance, sans être absolue, est suffisante et serait bien meilleure selon nous, si les conditions des essais étaient moins dissemblables qu'elles ne l'ont été. C'est ainsi par exemple que l'hélice de 0,25 m va jusqu'à 19 tours par seconde, celle de 0,30 m, 31 tours et celle de 0,50 m, 4 seulement ; l'hélice de 1,50 m fait au maximum 8 tours, celle de 3 m, 3 tours, et celle de 4 m, 1,71 tour seulement.

À ce point de vue, les essais de M. Bayer-Guillon donnent des résultats bien plus concordants. Les deux hélices dont les essais sont reproduits ci-dessous, étaient également des hélicoïdes pures à pas constant égal aux ¾ du diamètre.

Hélice de 1 m de diamètre

Nos	Tours par minute	P kgs	$\frac{P}{N^2}$	T Chevaux	$\frac{T}{N^3}$
1	847	5,0	0,025	0,561	0,015
2	972	6,5	0,025	0,831	0,015
3	1176	10,0	0,026	1.530	0,015
4	1286	12,5	0,027	2,165	0,016
5	1399	15,0	0,028	2,713	0,016

Hélice de 2,44 m de diamètre

Nos	Tours par minute	P kgs	$\frac{P}{N^2}$	T Chevaux	$\frac{T}{N^3}$
1	217	10	0,763	0,73	1,15
2	298	20	0,800	1,91	1,14

N^{os}	Tours par minute	P kgs	$\frac{P}{N^2}$	T Chevaux	$\frac{T}{N^3}$
3	358	30	0,832	3,47	1,20
4	410	40	0,858	5,40	1,28
5	453	50	0,884	7,59	1,35
6	488	60	0,910	9,79	1,37

La concordance est, cette fois, des plus satisfaisante et l'on peut avec une approximation suffisante admettre que pour ces hélices les coefficients α et β sont constants.

Dans la notation de Koutchino, ces coefficients auraient pour valeur 1 et 2,3 et le rendement qu'ils définissent pour ce type d'hélice est égal à 43,5 %.

De ces résultats, nous pouvons conclure que l'expérience vérifie les formules principales de la théorie générale.

Influence du pas

Le pas, définissant l'inclinaison des éléments de la face travaillante sur le plan de rotation, joue évidemment un grand rôle dans la détermination, de la vitesse de sortie. Dans l'appareil théoriquement parfait, cette vitesse de sortie devrait être égale à l'*avance par seconde* ou produit du pas par le nombre de tours par seconde.

A priori, on ne peut cependant prévoir quel en sera l'influence sur le rendement et l'on serait même tenté de croire que deux hélices de même diamètre mais de pas différents peuvent se valoir si on les fait tourner à des vitesses inversement proportionnelles aux pas de manière que les avances par tour soient les mêmes. En fait, il n'en est pas ainsi.

Sans faire connaître le détail de ses expériences, Renard a trouvé et publié que les hélices qui lui avaient donné les meilleurs résultats, étaient à pas constant égal aux ¾ du diamètre.

Dans le Bulletin de Koutchino, nous trouvons le compte rendu des essais d'une série d'hélices de 0,30 m de diamètre et de pas successivement égaux à ¼, ½, ¾, 1, 2 et 3 fois le diamètre. Pour toutes ces hélices, les coefficients moyens α et β ont été calculés, de même l'efficacité, nous les reproduisons dans le tableau suivant. Nous y avons ajouté un coefficient λ qui est le rapport entre la vitesse de sortie calculée d'après la poussée et l'avance par seconde.

Ce coefficient se calcule simplement de la manière suivante. La poussée P est, en nos notations et dans celles de M Riabouchinsky,

$$P = \frac{\pi D^2}{4} \frac{\Delta}{g} V^2 = \alpha\, n^2\, R^4\, \pi\, \Delta\, m$$

avec

$$\frac{\pi D^2}{4} \frac{\Delta}{g} = \pi R^2\, \Delta\, m$$

on en tire

$$V = \sqrt{\alpha}\ \ n R$$

or l'avance par seconde est *np*, si *n* est le pas.

Donc $$\lambda = \frac{\sqrt{\alpha}\ \ nR}{np} = \sqrt{\alpha}\ \frac{R}{p} = \frac{\sqrt{\alpha}}{2a}$$

car M. Riabouchinsky appelle *a* le rapport du pas au diamètre.

Les résultats des essais sont mis en évidence par le diagramme de la fig. 3 dans laquelle les ordonnées représentent l'efficacité ou rendement correspondant aux différentes valeurs de *a* portées en abscisses.

a	α	β	E	√α	λ
0,0	0,0	0,86	0,0	0,0	0,00
0,25	0,118	1,21	0,034	0,344	0,688
0,50	0,473	2,14	0,152	0,688	0,688
0,75	0,648	3.10	0,168	0,805	0,536
1,00	0,925	4,99	0.177	0,960	0,480
2,00	1,193	11,60	0,112	1,090	0,136
3,00	1,653	12,81	0,093*	1,280	0,072

On voit que l'hélice de meilleur rendement a un pas égal aux ¾ du diamètre, ce qui confirme les résultats de Renard.

La vitesse tirée de la formule de la poussée et qui est voisine de la vitesse réelle de sortie, s'écarte de plus en plus de l'avance par seconde à

* Erreur de calcul. Il faut 0.165, résultat douteux du reste. À remarquer que pour a = 3, le coefficient β a été calculé et non obtenu par expérience.

mesure que le pas augmente, de 70 % de cette avance pour le pas ¼ D, elle tombe à 7 % seulement pour le pas 3 D.

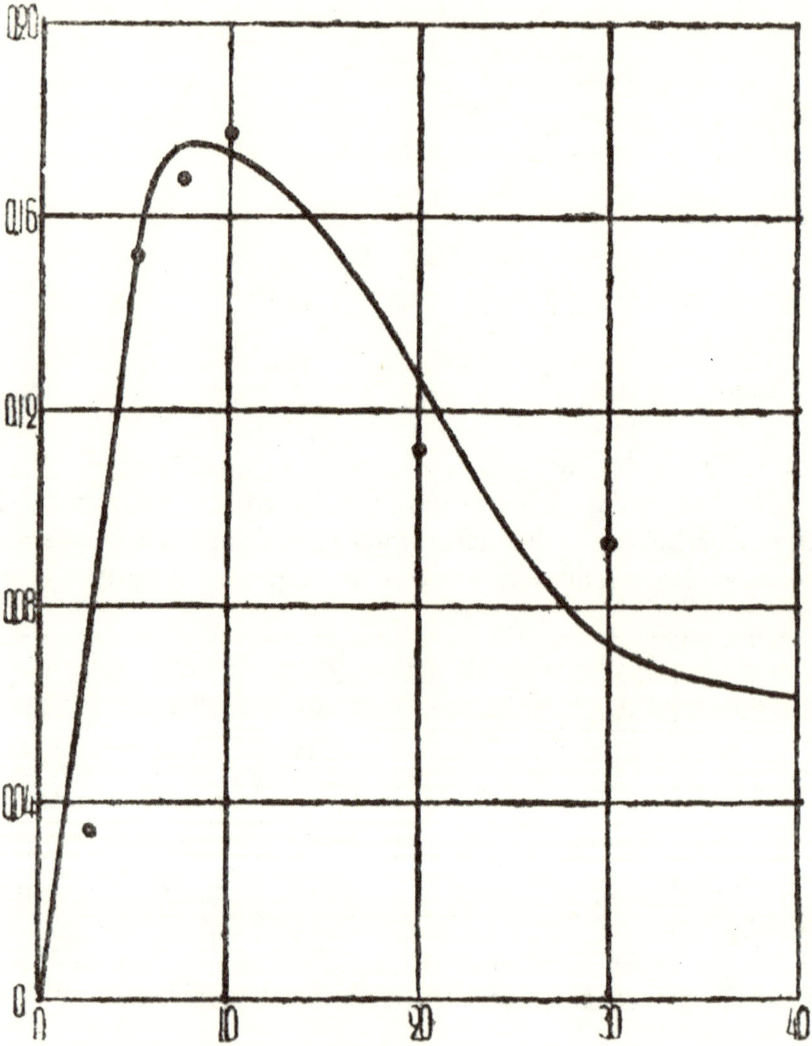

Fig. 3.

Malheureusement, les expériences de Koutchino ne sont pas exemptes de critique : les hélices essayées étaient en effet des sortes de lames d'épaisseur constante égale à 3,5 mm. On avait évidemment pour but d'essayer la surface hélicoïde pure et d'éliminer les influences accessoires de la face dorsale. La conséquence en est que le travail total qui comprend, outre le travail utile de refoulement de l'air, le travail de frottement, de pénétration des bords, etc., est d'autant plus affecté par ces travaux accessoires qu'il est lui-même plus petit et de ce fait les hélices à faible pas sont désavantagées. Il est vrai que M. Riabouchinsky nous donne le travail absorbé par la rotation d'un secteur plan, hélice de pas nul en quelque sorte.

Si nous admettons, avec une approximation tolérable, que les travaux nuisibles sont à peu près constants pour toutes ces hélices, nous pourrons écrire que le coefficient du travail utile est égal à β tel qu'il a été calculé, diminué du β du secteur.

On peut calculer les nouveaux rendements et former le tableau suivant :

a	α	β	$\alpha^{3/2}$	E
0,0	0,0	0,0	0,0	0,0
0,25	0,118	0,35	0,04	0,114
0,50	0,473	1,28	0,325	0,254
0,75	0,648	2,24	0,522	0,232
1,00	0,925	4,13	0,888	0,215
2,00	1,193	10,74	1,30	0,121
3,00	1,653	11,95	2,11	0,176*

Cette façon de calculer a pour effet de ramener vers les faibles pas le maximum de la courbe du rendement. Il est très probable en tout cas que ce maximum se trouve entre ½ et ¾, très voisin sans doute de ¾ ainsi que l'avait trouvé le colonel Renard.

Influence de la fraction de pas

La fraction de pas est le rapport de la largeur de l'aile de l'hélice (projetée sur le plan de rotation) à la circonférence décrite par la section de l'hélice où l'on mesure cette donnée. Les hélices dont la projection est en forme de secteur sont à fraction de pas constante, définie du reste par l'angle au centre du secteur. Les hélices à largeur constante sont évidemment à fraction de pas décroissante du centre à la périphérie.

* Ce dernier chiffre est peu probable. Voir note précédente.

M. Riabouchinsky a étudié une série d'hélices de 2 m de diamètre, de pas constant égal aux ¾ du diamètre et dont l'angle au centre a varié de 12 à 144 degrés. L'épaisseur des ailes était constante et les essais ont été faits sur l'une et l'autre face.

Aux chiffres qui figurent dans le Bulletin, nous avons ajouté les valeurs du coefficient λ et réuni tous ces résultats dans le tableau suivant, dans lequel γ signifie l'angle au centre exprimé en degrés.

γ	α	β	E	$\sqrt{\alpha}$	λ
12	0,490	2,43	0,141	0,700	0,465
18	0,648	3,10	0,168	0,804	0,536
22 ½	0,803	3,85	0,187	0,895	0,600
30	0,923	4,64	0,191	0,960	0,642
36	0,957	4,48	0,209	0,975	0,653
40	1,09	5,01	0,227	1,040	0,695
60	1,22	5,11	0,263	1,10	0,734
72	1,24	6,04	0,228	1,11	0,741
97	1,51	7,11	0,261	1,23	0,820
144	1,74	7,45	0,308	1,32	0,880

On voit que le rendement augmente lentement à mesure que la fraction de pas augmente; mais la différence serait moins sensible si les formes des hélices étaient plus fines. Les coefficients α et β augmentent considérablement — suite logique d'ailleurs de l'augmentation notable de λ dont la valeur passe du simple au double — et l'on ne devra pas perdre de vue cette particularité dans l'établissement d'un projet d'hélice. L'augmentation de la fraction de pas a une influence comparable à celle de l'augmentation du diamètre, sans être toutefois aussi favorable que cette dernière.

Influence du nombre d'ailes

On peut prévoir que l'influence du nombre d'ailes sera semblable à celle de la fraction de pas. Accroître le nombre des ailes — sans rien changer à leurs dimensions — produit évidemment un effet analogue à celui de l'augmentation de l'angle au centre. À ce point de vue, les résultats des essais ont sensiblement contredit l'opinion du colonel Renard qui attachait peu d'importance au nombre des ailes des hélices. Les expérimentateurs sont actuellement d'accord pour reconnaître que le rendement des hélices croît quand on en augmente le nombre d'ailes. L'augmentation n'est pas considérable, mais elle est manifeste.

À Koutchino ont été essayées 11 hélices de 2 m de diamètre, ayant de 1 à 11 ailes, l'angle au centre était de 18°, les ailes creuses à face dorsale bombée, bords amincis, le pas de la corde du profil des ailes était constant et égal aux ¾ du diamètre.

N^{os}	α	β	E	$\sqrt{\alpha}$	λ
1	0,664	2,11	0,256	0,815	0,545
2	1,240	3.93	0,352	1,11	0,740
3	1,720	6,31	0,358	1,31	0,873
4	2,130	8,13	0,382	1,46	0,973
5	2,410	9,53	0,392	1,55	1.030
6	2,610	11,10	0,380	1,61	1,070
7	2,640	11,40	0,376	1,63	1,085
8	2,950	13,60	0,373	1,71	1,13
9	2.960	13,00	0,391	1,72	1,14
10	2,830	13,30	0,358	1,68	1,12
11	2,880	<14.50	0,336	1,70	1,13

On voit que le rendement croît avec le nombre des ailes, mais atteint un maximum pour 5 ailes.

Le rapport λ croît presque jusqu'à la fin et dépasse l'unité, ce qui semblerait indiquer que la vitesse réelle de sortie est plus grande que la vitesse théorique. Cela provient de ce que nous avons calculé l'avance par tour au moyen du pas de la corde ; or en fait, par suite de la forme des ailes, l'air ne sort pas suivant la direction de la corde, mais suivant une direction probablement intermédiaire entre les deux tangentes aux extrémités des courbes limitant le profil des ailes (fig. 4) et cette direction définit un pas — variable du reste — notablement plus grand que le pas de la corde. En comparant les chiffres de ce dernier tableau avec ceux du précédent, on voit que le rendement est bien meilleur — en partie

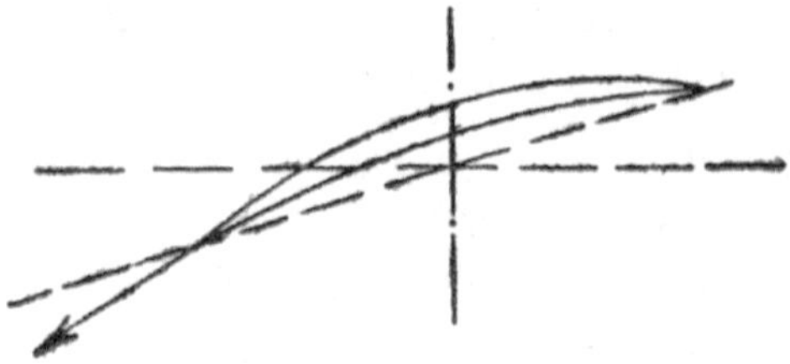

Fig. 4.

à cause des formes d'ailes — et que la vitesse de sortie est notablement plus grande dans l'hélice à ailes multiples que dans l'hélice à deux ailes seulement, même si elles ont la même fraction de pas totale. Il est regrettable toutefois que les deux séries d'hélices ne soient pas absolument comparables.

Nous avons également pour l'examen de ce point intéressant de l'étude des hélices trois séries d'essais de M. Boyer-Guillon.

Ce sont les essais des hélices numérotées 3, 4 et 5 dans le mémoire rappelé plus haut. Elles sont à 2, 3 et 4 ailes, le diamètre en est de 2,44 m et le pas de 1,83 m ; les ailes sont métalliques. Les essais ont montré que le rendement allait croissant à mesure que le nombre d'ailes augmente ; la qualité suivant Renard est successivement égale à :

0,500	pour l'hélice à	2 ailes.
0,578	»	3 »
0,624	»	4 »

Influence des formes

L'exemple précédent nous a fait prévoir tout ce qu'on pouvait espérer d'une modification rationnelle des ailes des hélices. En les creusant, en gabariant la face dorsale, en reportant l'épaisseur vers le bord d'attaque, en arrondissant les extrémités, M. Riabouchinsky a successivement amélioré le rendement des hélices et obtenu pour l'une d'elles l'efficacité maximum 0,411.

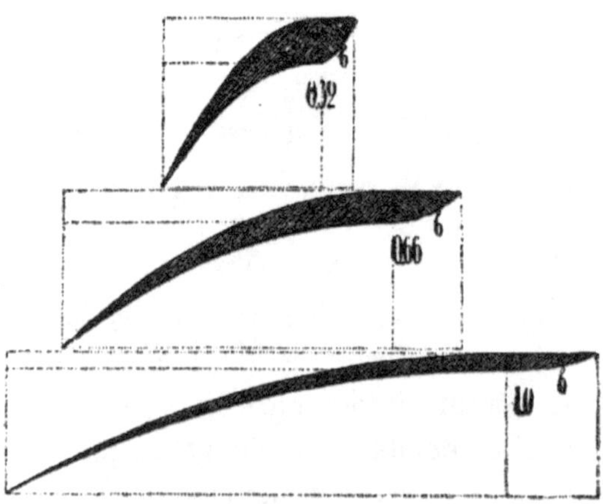

Fig. 5.

Cette hélice a été obtenue de la manière suivante. Elle a 2 m de diamètre, un angle au centre de 18°. La fig. 5 en donne les sections au ⅓, aux ⅔ et à l'extrémité du rayon. Elle fut essayée sans les ajoutes *b* et a donné les résultats rapportés ci-dessous sous la lettre B ; avec les ajoutes elle a donné les résultats β*b*, puis enfin B*b* *b* lorsqu'on eut donné aux ailes la forme de la fig. 6.

	α	β	F
B	1,050	3,77	0,286
Bb	1,200	3,71	0,355
Bbb	1,050	2,62	0,411

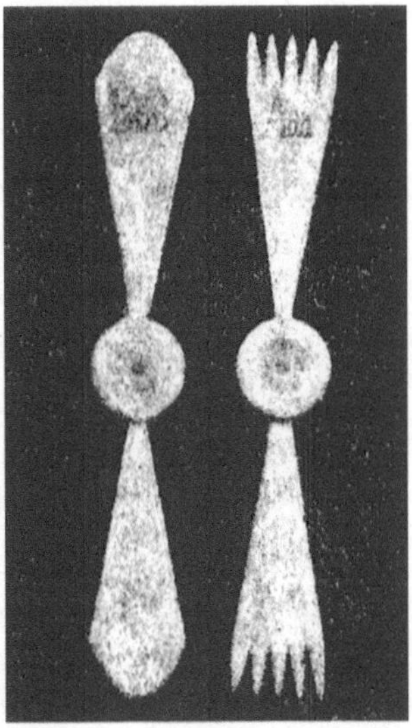
Fig. 6.

Les essais du Conservatoire des Arts et Métiers apportent à cette question une précieuse contribution, un assez grand nombre d'hélices de construction différente ayant été essayées par M. Boyer-Guillon.

ÉTUDE EXPÉRIMENTALE DU FONCTIONNEMENT DES HÉLICES

Quelle que soit la théorie sur laquelle on se base pour étudier l'hélice, elle s'appuie toujours sur la connaissance des vitesses d'accès et des vitesses de sortie du fluide mis en mouvement par l'hélice. En particulier, la théorie rationnelle repose tout entière sur la vitesse de sortie. Il était donc hautement intéressant de tenter une vérification expérimentale des hypothèses du calcul et les observateurs n'y ont pas manqué.

Tous ne l'ont pas fait avec le même succès, soit que la question les eût plus ou moins intéressés, soit que les appareils d'essai eussent été plus ou moins parfaits.

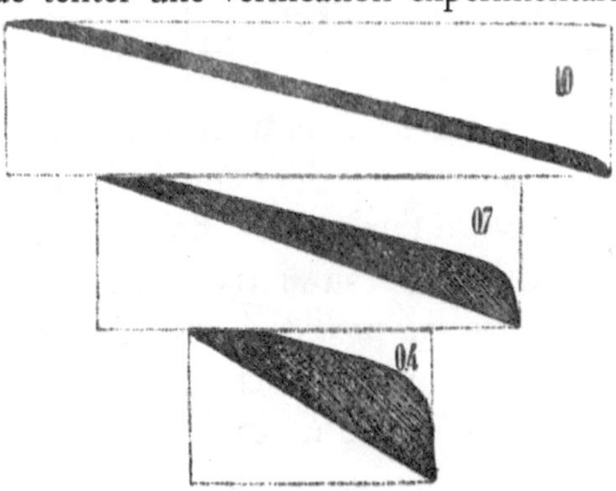

Fig. 7.

Une fois de plus, nous devons mentionner au premier rang, les essais de M. Riabouchinsky sur une hélice à deux ailes, d'angle au centre 18°, de 2 m de diamètre et de pas constant égal à 1,50 m. Les sections des ailes sont représentées dans la fig. 7, elles sont prises à des distances du centre égales aux 0,4, aux 0,7 du rayon et à l'extrémité.

Mais avant de procéder aux essais, M. Riabouchinsky a étudié les appareils qu'il se proposait d'employer pour évaluer la vitesse, c'est-à-dire un manomètre différentiel, un anémomètre Caselli et une hélice en bois à 2 ailes de 0,30 m de diamètre et de pas égal à 0,75 D.

Ces divers appareils ont été présentés à un courant d'air de 6 m par seconde dans le grand tube qui sert aux expériences. Leurs indications ont été relevées sous tous les angles d'attaque entre 0 et 90° et les résultats de cette comparaison sont reproduits dans le tableau suivant où figure également le sinus de l'angle d'attaque.

Angle *i*	sin *i*	Hélice	Anémomètre	Manomètre
0	0	0	0	0
10	0,174	0,140	0,314	0,490
20	0,342	0,320	0,393	0,764
30	0,500	0,501	0,508	0.873
40	0,643	0,659	0,673	0,930
50	0,766	0,791	0,814	0.978
60	0,866	0,882	0,912	1,000
70	0,940	0,955	0,970	1,000
80	0,985	0,968	0,993	1,000
90	1,000	1,000	1,000	1,000

Pour que les indications des appareils d'essai soient utilisables, il faut que nous puissions en déduire la composante suivant leur axe de la vitesse du flux expérimenté ; il faut donc que ces indications soient proportionnelles au sinus de l'angle d'attaque.

Du tableau précédent, on voit que seule l'hélice réalise à peu près cette condition ; vient ensuite l'anémomètre dont les indications sont excellentes à partir de 25°, et en toute dernière ligne nous trouvons le manomètre qui ne convient pas du tout à ces sortes de mesure. Il en serait de même de l'appareil employé par certains expérimentateurs et consistant en un petit disque que l'on présente au flux sortant de l'hélice dont on croit pouvoir mesurer la vitesse par la pression totale subie par le disque. Cet appareil ne peut rien donner, car on sait que la pression exercée sur une surface est, pour les fortes incidences, sensiblement constante quel que soit l'angle d'attaque.

M. G. Eiffel admet cette constance à partir de 30°, M. Riabouchinsky à partir de 45°. En fait, la vitesse du flux d'air sortant de l'hélice étant très sensiblement parallèle à l'axe, les incidences sur les appareils d'essai seront grandes et il faut renoncer au tube de Pitok comme moyen d'investigation et employer, à défaut d'hélices d'un emploi difficile, un anémomètre de petit diamètre.

M. Riabouchinsky se servant de l'anémomètre, a déterminé, en différents points du cercle balayé par les ailes de l'hélice, les composantes de la vitesse de sortie suivant 3 axes rectangulaires qui sont l'axe de l'hélice, le rayon et la tangente au cercle décrit par le point considéré. Les mesures ont été faites en amont et en aval de l'hélice, dans des tranches situées à 10 centimètres du plan moyen de rotation. Les observations étaient faites de 10 en 10 centimètres suivant le rayon et s'étendaient au-delà du cercle balayé.

Les résultats sont donnés en tableaux et reproduits en diagrammes dans le *Bulletin de l'Institut Aérodynamique de Koutchino*, fascicule 2, pp. 32 et suivantes ; ils se rapportent à 3 séries d'essais où l'hélice expérimentée faisait successivement 100, 200 et 300 tours par minute. Nous ne reproduirons pas ces tableaux et diagrammes mais, à titre d'indications intéressantes, nous avons tracé le schéma des vitesses de la fig. 8.

La partie supérieure se rapporte à la région en amont de l'hélice, la partie inférieure à la région en aval ; l'hélice est censée tourner de manière à refouler l'air de haut en bas, c'est aussi le sens positif des vitesses axiales ; les vitesses tangentielles seront positives dans le sens de rotation et les vitesses radiales seront positives quand elles sont centripètes et négatives quand elles sont centrifuges.

Les résultats mis en courbe dans la fig. 8 sont réunis dans le tableau suivant ; ils ont été obtenus à la vitesse de 300 tours par minute.

Rayons	Amont			Aval		
	Axiales	Tang.	Radicales	Axiales	Tang.	Radicales
0.00	—	—	—	—	0.16	—
0.10	—	—	—	— 0.38	2.23	0.88
0.20	2.52	— 0.10	—1.04	2.10	2.30	1.18
0.30	3.02	— 0.16	-0.78	3.58	2.13	1.38
0 40	3.40	— 0.25	0.65	4 16	2.21	1.63
0.50	3.56	— 0.72	1.10	4.70	2.44	2.25
0.60	3.69	— 1.26	1.72	5.01	2.77	2.67
0.70	3.64	—1.21	2.14	5 58	2.75	2.70
0.80	3.44	— 0.61	2.72	5.85	2.39	3.22
0.90	2.89	— 0.48	3.26	3.79	0.10	2.40
1.00	1.37	— 0.34	3.05	— 2 45	0.56	0.43
1.10	— 0.40	— 0.45	2.20	— 1.46	0.12	1.12
1.20	— 0.54	— 0.24	1.38	— 1.22	-0.05	1.04
1.30	— 0.35	—	0.99	— 0.76	0.02	0.86

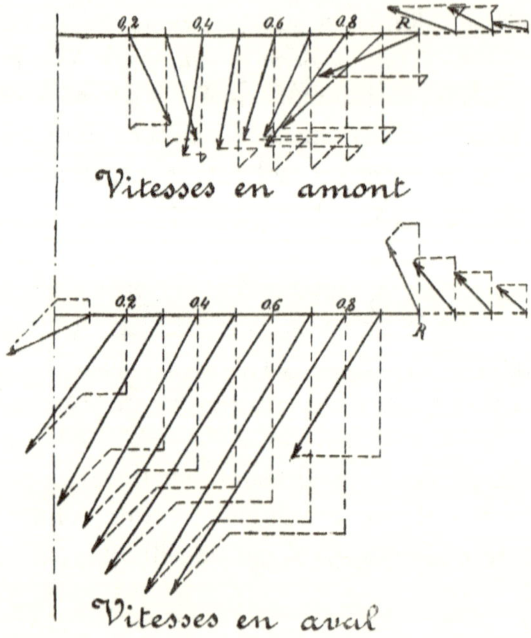

Fig. 8.

En examinant attentivement la fig. 8, représentant en perspective cavalière les vitesses aux différents points du cercle de l'hélice, on voit que la vitesse est loin d'y être constante en grandeur et en direction.

On constate immédiatement que le mouvement des filets fluides est nettement centripète et de plus — mais particulièrement pour les vitesses de sortie — qu'il existe de notables composantes tangentielles. À sa sortie de l'hélice, l'air est animé d'un mouvement tourbillonnant très net et la veine fluide dans son ensemble a une tendance manifeste à la contraction. À l'entrée dans l'hélice, l'air est également animé d'un mouvement tourbillonnant, mais il est dirigé en sens inverse du mouvement de l'hélice.

La vitesse croît à mesure que l'on s'éloigne du centre, elle atteint son maximum vers les ¾ du rayon, puis diminue rapidement pour s'annuler même avant la périphérie. Au-delà, les vitesses trouvées, qui sont en sens inverse du mouvement général du flux ne peuvent appartenir qu'à des remous créés par le mouvement de la veine traversant l'hélice. Pour des nombres de tours différents, les courbes des vitesses sont semblables et en une même région les vitesses sont sensiblement proportionnelles au nombre de tours. De ces mesures, il était possible de calculer le débit, la poussée par le théorème des quantités de mouvement et le travail consommé par celui des forces vives.

D'après M. Riabouchinsky :

- le débit calculé en amont est environ 20 % plus faible que le débit d'aval, ceci étant dû vraisemblablement à l'imperfection du fonctionnement de l'anémomètre aux petits angles d'attaque ;
- la poussée calculée est à 3 % près égale à la poussée observée ;
- le travail calculé est environ les 60 % du travail réellement consommé et la différence doit provenir des frottements, chocs, etc., impossibles à évaluer.

Nos expériences personnelles dont nous éprouvons quelques scrupules à parler ici, tant elles sont loin d'avoir présenté le même caractère scientifiquement précis que celles de M. Riabouchinsky, nous ont permis de vérifier quelques-unes des constatations faites plus haut.

n	V	V/n
700	8,9	0,0127
850	10,0	0,0118
1045	12,50	0,0119
1170	13,30	0,0115
1290	14,7	0,0114

Nous avons mesuré à l'anémomètre, les vitesses de sortie en un même point de l'hélice, à des nombres de tours différents et dressé le tableau précédent.

La constance du coefficient V / *n* montre bien que les vitesses de sortie sont proportionnelles aux nombres de tours. Nous avons également relevé les vitesses — à un même nombre de tours — suivant le rayon et mis le résultat en un diagramme reproduit dans la fig. 9. La courbe est notablement différente de celle de la figure précédente, la vitesse est plus constante et le maximum se produit aux 2/3 de l'aile environ. Il est vrai que l'hélice que nous avons essayée (diam. 1,20 m, pas 0,80 m) était à 4 ailes et de plus la largeur des ailes en était constante de sorte que la fraction de pas était variable : de 15 % au moyeu, elle tombait à 4 % seulement à l'extrémité de l'aile. Or, ainsi que nous l'avons vu, à un accroissement de la fraction de pas correspond une augmentation de la vitesse de sortie (voir page 28) et le tracé particulier de notre hélice a sans doute eu pour effet d'accroître les vitesses au voisinage du moyeu.

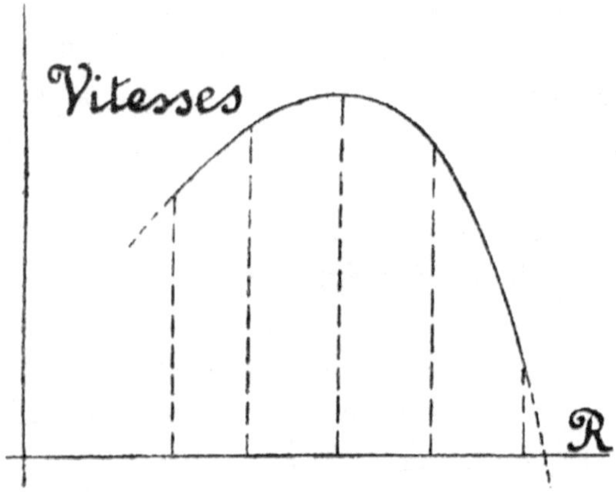

Fig. 9.

Revenons à l'hélice de M. Riabouchinsky pour en poursuivre l'étude par l'application de la théorie générale.

Selon les méthodes exposées précédemment, nous avons calculé les vitesses de sortie, le coefficient X le rendement et formé le tableau suivant :

N	P	T	α	β	V	λ	ρ
1,67	0,773	1,80	0,670	1,91	1,36	0,548	0,297
3,33	3,070	14,30	0,672	1,87	2,72	0,540	"
5,00	6,920	49,40	0,672	1,86	4,10	0,548	"

Dans ce tableau, on remarque la constance des coefficients α et β et comme conséquences : la rigoureuse proportionnalité de V au nombre de tours et la constance de λ et du rendement ρ.

Y a-t-il une relation entre la vitesse V et les vitesses trouvées à l'anémomètre ? V est jusqu'à présent une vitesse théorique, abstraite qui animant un flux d'air de section égale à l'air du cercle balayé lui permettrait de donner une réaction égale à la poussée observée de l'hélice.

En fait, nous avons vu que ce flux est animé de vitesses variables ; mais nous pouvons en calculer la moyenne. Si l'on fait ce calcul, bien entendu pour les composantes axiales et en tenant compte de ce que chaque vitesse doit être affectée à une zone différente du flux total, on trouve que pour l'hélice ci-dessus à 300 tours, la moyenne est de 4,00 m environ, c'est-à-dire à très peu près la valeur V que nous avons tirée de la formule de la poussée.

La vitesse théorique de sortie, calculée au moyen de la poussée, est donc la moyenne proportionnelle des composantes suivant l'axe des vitesses réelles de sortie de l'air de l'hélice.

La vitesse V prend maintenant une signification bien précise, et si l'hélice travaillait correctement, c'est-à-dire refoulait l'air à vitesse constante et parallèle à l'axe, cette vitesse V serait la vitesse réelle de refoulement.

De tout ce qui précède, on peut prévoir que le rendement de l'hélice doit être fortement affecté de ces irrégularités dans le fonctionnement et en fait nous avons vu qu'il est seulement d'environ 30 %.

Avant de montrer par le calcul l'influence de toutes ces causes perturbatrices, nous devons dire quelques mots d'une autre particularité du fonctionnement de l'hélice.

Il s'agit de la variation dans le tour de la vitesse d'écoulement de l'air. On pouvait prévoir qu'en un même point du cercle balayé, la vitesse n'est pas constante dans le tour et en particulier devait être notablement plus grande immédiatement après le passage de l'aile, qu'avant ce passage, mais il appartenait à M. Riabouchinsky de rendre tangible le phénomène.

L'appareil dont il s'est servi est décrit dans le *Bulletin de l'Institut aérodynamique de Koutchino*, 2e fascicule, pp. 36 et suivantes. Il se compose d'une petite cuvette fermée par une membrane élastique sur laquelle vient s'exercer la pression subie par un petit disque d'aluminium de 10 centimètres de diamètre présenté normalement au courant d'air. Les pressions variables sur le disque se traduisent par des pulsations dans la cuvette fermée et ces dernières sont transmises par un tube à l'appareil enregistreur situé en dehors du flux.

Encore que l'appareil fût trop imparfait pour donner des mesures tout à fait exactes, les courbes enregistrées donnent des indications hautement intéressantes sur les phénomènes à étudier, les courbes obtenues sont reproduites dans la fig. 10 et chaque diagramme s'applique à une période de 1,6 seconde (8 tours, l'hélice faisant 300 tours à la minute).

La ligne inférieure avec ses crans régulièrement espacés enregistre le passage d'une des ailes de l'hélice, l'intervalle entre deux crans est donc un tour.

La ligne horizontale est la ligne de nulle pression et la ligne ondulée est l'enregistrement du phénomène.

Les observations ont été faites à des distances de l'axe égales à 0,40, 0,60, 0,70, etc., du rayon.

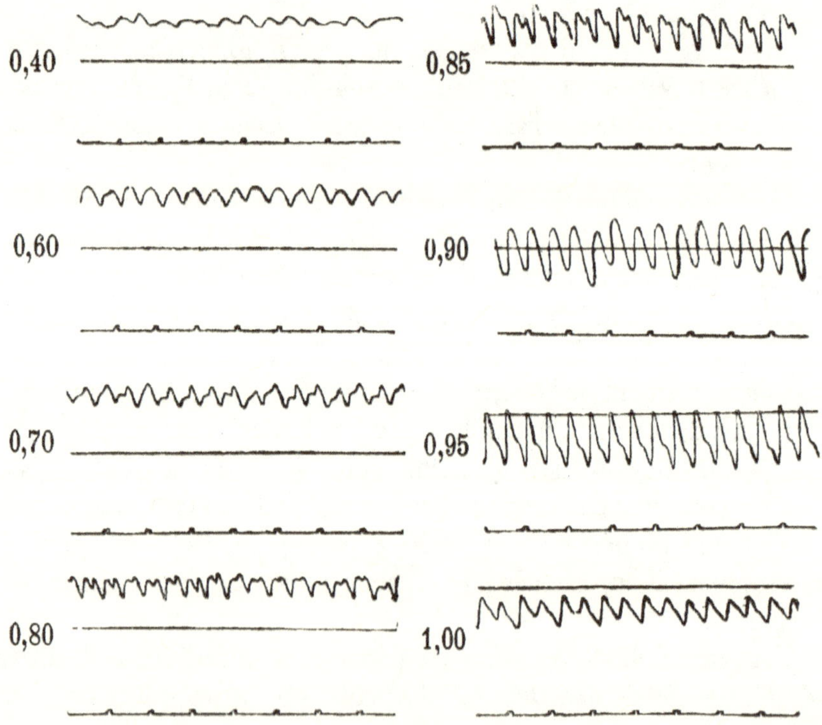

Fig. 10.

On voit que la vitesse de sortie passe en un tour par deux valeurs maxima et deux valeurs minima et ceci est dû aux ailes qui sont au nombre de deux. Vers la périphérie, les fluctuations sont considérables : on sent que l'air violemment projeté au moment du passage de l'aile est immédiatement arrêté par le frottement des couches voisines immobiles.

Vers le centre, le débit est notablement plus régulier, mais les variations n'en sont pas moins notables surtout dans la région particulièrement efficace de l'hélice c'est-à-dire la partie comprise entre les rayons 0,55 et 0,85, partie qui, à elle seule, donne environ les ⅔ de la poussée totale.

De l'ensemble de ces expériences faites sur l'hélice, il nous paraît que la lumière s'est faite déjà sur de nombreux points de son fonctionnement et l'on ne peut que souhaiter de voir se multiplier ces sortes de recherches qui mieux que les spéculations les plus ingénieuses sont de nature à faire progresser nos connaissances sur l'hélice aérienne qui, selon nous, sera bientôt mieux connue que son aînée, l'hélice marine dont, il est vrai, les essais seront toujours plus compliqués.

Causes influant sur le rendement

L'étude qui précède, nous ayant permis d'analyser le fonctionnement de l'hélice, nous avons vu apparaître un certain nombre de causes de diminution du rendement.

De ce que la vitesse de sortie n'est constante ni en grandeur, ni en direction, ni dans l'espace, ni dans le temps, il est clair que le rendement organique de l'hélice va s'en trouver affecté puisque l'appareil théorique idéal demande au contraire une vitesse constante.

Nous allons calculer séparément l'influence sur le rendement de chacune des causes perturbatrices énumérées plus haut.

Obliquité des filets

Par suite des mouvements tourbillonnants et centripètes, la vitesse des éléments du flux est sensiblement plus grande que la composante de cette vitesse suivant l'axe. Or, c'est cette composante qui définit le débit et la poussée, tandis que le travail consommé est fonction de la vitesse réelle de sortie.

Cette vitesse peut être calculée en chaque point où l'on connaît les trois composantes orthogonales par la formule :

$$V = \sqrt{V_a^2 + V_t^2 + V_r^2}$$

Nous avons ainsi calculé la vitesse en quelques points suivant le rayon de l'hélice étudiée et formé le tableau suivant :

r	V*a*	V*t*	V*r*	V	V / V*a*
0,0	—	—	—	—	—
0,2	2,10	2,30	1,18	3,33	1,58
0,4	4,16	2,21	1,63	4,98	1,20
0,6	5,01	2,77	2,67	6,30	1,26
0,8	5,85	2,39	3,22	10,00	1,71
1,0	2,45	0,56	0,43	2,55	1,04

Des valeurs du rapport V/V*a*, on voit qu'on peut dire sans grande erreur que la vitesse V est en moyenne d'environ 40 % plus grande que sa composante axiale. Le débit est proportionnel à V*a*, la poussée suivant l'axe est proportionnelle à V^2a, mais le travail est proportionnel à V^2.

Par suite de l'obliquité des vitesses de sortie, le travail consommé par l'hélice est au travail théoriquement nécessaire à la production de la poussée, dans le rapport des carrés de la vitesse réelle et de sa projection. Ce rapport est voisin de 2 pour l'hélice étudiée.

Pour cette seule raison de l'obliquité des vitesses, le rendement maximum de cette hélice est déjà réduit à 50 %.

Certes il y a bien des hélices notablement meilleures et en outre les valeurs des vitesses sur lesquelles nous nous basons ne sont pas rigoureusement exactes ; mais il est certain que du fait du mouvement hélicoïdal et centripète de l'air sortant de l'hélice, le rendement de celle-ci est notablement affecté.

Variation de la vitesse suivant le rayon

Nous avons vu que la vitesse n'est pas constante en tous les points du rayon de l'hélice et il est à prévoir, de ce chef, une nouvelle diminution du rendement.

Pour la calculer aisément, nous simplifierons la courbe de la variation de la vitesse et nous la ramènerons à deux droites faisant avec le rayon un triangle dont le sommet, correspondant à la vitesse maximum, se trouvera au 8/10 du rayon à partir du centre. Au prix de cette simplification, que le diagramme réel permet de faire, la vitesse en un point quelconque à la distance *r* du centre sera :

$$v = \frac{10\,V}{8\,R}\,r$$

entre le centre et le point B ; et

$$v = \frac{10\,V}{2\,R}\,(R - r)$$

entre B et A.

La poussée élémentaire au point considéré est donnée par la formule :

$$2\,\pi r\,dr\,\frac{\Delta}{g}\,v^2$$

en remplaçant υ par sa valeur et en intégrant, on trouve que la poussée totale est :

$$\int_0^{R'} 2\,\pi r\,dr\frac{\Delta}{g}\left(\frac{10V}{8R}r\right)^2 + \int_{R'}^{R} 2\,\pi r\,dr\frac{\Delta}{g}\left[\frac{10\,V}{2\,R}\,(R-r)\right]^2$$

en appelant R' le rayon en B. Les calculs effectués, la poussée s'exprime par :

$$2\,\pi\,\frac{\Delta}{g} \times 0{,}215\,R^2\,V^2$$

Une hélice idéale refoulant l'air à vitesse constante V*m* donnerait une poussée :

$$\pi\,\frac{\Delta}{g}V_m^2\,R^2$$

Ces poussées seront égales si :

$V^2m = 0{,}43V^2$ $\qquad$ $Vm = 0{,}65\ V$

Il suffirait donc d'une vitesse constante égale au 2/3 environ de la vitesse maximum pour obtenir la même poussée que celle que donne l'hélice imparfaite. Calculons maintenant le travail consommé dans l'un et l'autre cas. Le théorème des forces vives conduit dans le cas de l'hélice à vitesse variable à l'équation :

$$\int_0^{R'} \pi r dr \frac{\Delta}{g}\left(\frac{10\,V}{8R} r\right)^3 + \int_R^{R'} \pi r dr \frac{\Delta}{g}\left[\frac{10\,V}{2R}(R-r)\right]^3$$

ou en effectuant les calculs, un travail :

$$\pi \; \Delta/g \, V3 \; x \; 0{,}1655 \; R^2$$

L'hélice à vitesse constante aurait exigé un travail — produit de la poussée par la moitié de V*m* — égal à :

$$\pi \; \Delta/g \; x \; 0{,}13975 \; R^2$$

Les deux formules sont identiques aux coefficients numériques près, leur rapport indique le rendement :

$$\rho = 0{,}140 \,/\, 0{,}165 = 0{,}85$$

Nous voyons donc que du fait de l'inégalité des vitesses dans le cercle balayé, la limite supérieure du rendement possible de l'hélice est encore diminuée de 15 %.

Variation de la vitesse dans le tour

En dernier lieu, les expériences de M. Riabouchinsky nous ont fait voir qu'en un même point du flux la vitesse n'est pas constante et il en résulte une nouvelle diminution du rendement.

Pour simplifier les calculs, supposons qu'en un point du flux la vitesse varie constamment de $V(1 + n)$ après le passage de l'aile à $V(1 - n)$ avant l'arrivée de l'aile suivante. La poussée instantanée y variera de :

$$a V^2 (1 + n)^2 \quad \text{à} \quad a V^2 (1 - n^2)$$

et en prenant pour moyenne la ½ somme des valeurs extrêmes sera en moyenne :

$$a V^2 (1 + n^2)$$

La vitesse constante donnant la même poussée est :

$$V \sqrt{1 + n^2}$$

Le travail absorbé variera de :

$$b V^3 (1 + n)^3 \quad \text{à} \quad b V^3 (1 - n)^3$$

soit en moyenne :

$$b V^3 (1 + 3n^3)$$

L'hélice à vitesse constante eut exigé :

$$bV^3 (1 + n^2)^{3/2}$$

d'où le rendement

$$\rho = (1 + n^2)^{3/2} / (1 + 3n^2)$$

En faisant $n = 0.2$ et rien ne prouve que les variations de $\pm$ 20 % ne sont pas atteintes, on trouve :

$$\rho = 0{,}95$$

soit une nouvelle diminution du rendement de 5 %.

Quand n est petit, la diminution est peu importante. Les hélices à ailes nombreuses donnant évidemment un flux plus régulier au point de vue de la variation dans le tour, doivent avoir un meilleur rendement que les hélices à deux ailes.

C'est ce que vérifie l'expérience et si l'augmentation du rendement n'est pas très grande c'est que, comme le montre le calcul précédent, il n'y a pas, de ce chef, d'amélioration considérable à espérer.

Rendement de construction

En supposant même que, par un tracé correct des formes et une détermination exacte des éléments de construction, on arrive à faire des hélices exemptes des défauts que nous avons relevés sur l'hélice de M. Riabouchinsky, il est évident que nous n'aurions pas encore l'hélice de rendement égal à l'unité.

Il faudrait en effet encore compter avec les frottements, les chocs et diverses perturbations encore insoupçonnées peut-être.

Le frottement doit jouer un rôle notable et à ce point de vue; il semble bien que les préférences sont justifiées qui vont maintenant presque tout entières aux hélices en bois soigneusement gabariées et parfaitement polies.

Les hélices métalliques leur sont manifestement inférieures ainsi qu'en témoignent les essais si probants de M. Bayer-Guillon.

Au terme de cette étude du fonctionnement au point fixe de l'hélice aérienne nous ne pouvons taire notre regret de n'avoir pu puiser nos documents qu'à une seule source, heureusement abondante : les essais de M. Riabouchinsky.

Encore que très judicieusement conçus et impeccablement réalisés, que ne gagneraient pas ces essais à être corroborés par d'autres également scientifiques et complets.

C'est dans l'espoir de les voir réaliser sous peu que nous finissons ce chapitre un peu long peut-être, mais dont l'étendue se justifie, croyons-nous, de toute l'importance des problèmes soulevés et de toute la valeur des solutions entrevues.

- II -

L'hélice en mouvement de translation

L'hélice devant se déplacer avec l'appareil qu'elle propulse, l'étude du fonctionnement devrait, semble-t-il, en être fait d'abord et surtout dans les conditions même de son emploi, soit dans le mouvement de translation. Le raisonnement est trop exact pour être discuté.

Nombre d'auteurs s'en sont armés pour négliger les essais au point fixe qui ne leur semblaient avoir quelque importance qu'au point de vue des hélicoptères.

Encore convient-il de remarquer que ces appareils — quand on les réalisera — ne devant pas rester immobiles dans l'air, il faudrait essayer leurs hélices quand elles se déplacent perpendiculairement à leur axe.

Nous estimons que malgré tout, les essais au point fixe peuvent donner d'excellents enseignements et nous espérons — les essais en marche s'étant multipliés et perfectionnés — voir se relier les résultats des deux méthodes d'essai par des formules simples et des conclusions analogues.

Comme nous l'avons déjà dit, les essais en marche sont d'une réalisation plus difficile que ceux qui se font à poste fixe et c'est la raison majeure de leur rareté et parfois de leur manque de précision.

Mais avant de passer à l'hélice propulsive, nous devons dire quelques mots du fonctionnement de l'hélice se déplaçant dans son plan de rotation.

Hélice en translation perpendiculaire à l'axe

Des essais d'hélice se déplaçant perpendiculairement à son axe ou, ce qui revient au même, tournant à poste fixe dans un courant d'air perpendiculaire à son axe, ont été faits par M. Riabouchinsky et publiés dans le *Bulletin de l'Institut aérodynamique de Koutchino*, 2e fascicule pp. 64 et suivantes.

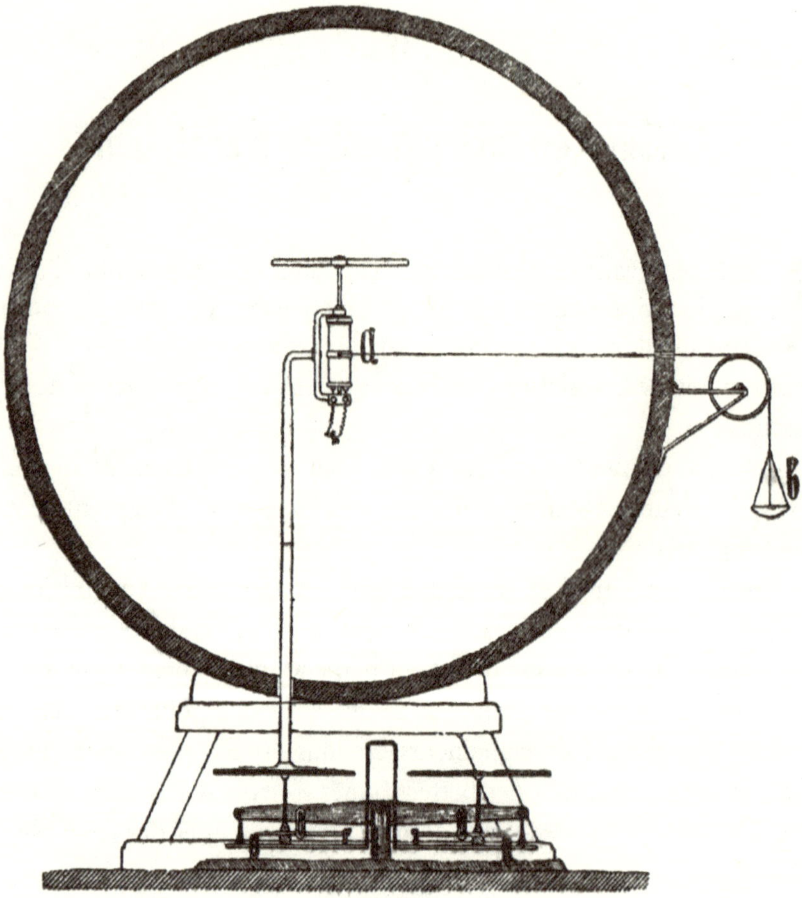

Fig. 11.

Pour ces expériences, une hélice de 0,25 m de diamètre a été placée à l'intérieur du grand tube du laboratoire, comme l'indique la figure 11. Elle était mise en mouvement par un petit électromoteur à axe vertical dont l'inducteur peut librement tourner autour de ce même axe.

L'ensemble est porté par un support approprié qui repose sur l'un des plateaux d'une balance de Roberval à l'aide de laquelle on mesure la poussée.

Le moment résistant de l'hélice est mesuré au moyen d'un fil attaché à l'inducteur passant sur une poulie et portant un plateau *b*.

Le produit du poids en *b* par le rayon au point d'attache du fil donne le moment moteur soit, aux frottements près, le moment résistant de l'hélice.

D'autres dispositifs permettent de mesurer le moment de renversement dans le lit du vent, dans le plan perpendiculaire et la résistance directe offerte par l'hélice.

Résultats d'essais

M. Riabouchinsky a publié simplement les résultats numériques des essais et les diagrammes qui en résultent.

La comparaison de ces résultats avec ceux que donne la même hélice dans l'air immobile se fait plus aisément lorsque l'on calcule par la méthode que nous avons exposée : la vitesse efficace de sortie V, le travail théorique $\mathfrak{T}$, le rendement ρ, l'avance *np* et le coefficient λ qui est le rapport de V à l'avance par seconde.

Les résultats de nos calculs sont groupés dans les quatre tableaux ci-dessous[4], qui se rapportent respectivement aux vitesses de courant Vo égales successivement à 0, 3, 4, 5 et 6 mètres par seconde.

Vo = 0

n	P	T	V	$\mathfrak{T}$	ρ	*np*	λ
7,9	3,9	5,0	0,78	1,51	0,302	1,48	0,526
10,8	7,0	12,9	1,04	3.61	0,280	2,02	0,550
14,1	11.6	27,3	1,34	7,80	0,285	2,64	0,510
16,5	16,2	44,6	1,59	12,90	0,290	3,10	0,513
19,4	21,9	71,0	1,85	20,20	0,285	3,64	0,513

[4] Dans ces tableaux, *n* est le nombre de tours par seconde, P la poussée en grammes, T et $\mathfrak{T}$ les travaux en grammes-mètres, V et *np* des vitesses en mètres.

Vo = 3 m

n	P	T	V	𝔗	ρ	*np*	λ
8,6	7,6	11,2	1,08	4,12	0,370	1,61	0,67
10,6	11,8	19,7	1,35	7,96	0.400	1,99	0,68
12,4	15,1	29,3	1,53	11,5	0,394	2,32	0,66
17,0	24,2	64,5	1,93	23,3	0,363	3,19	0,61
20,0	31,9	98,0	2,22	35,5	0,363	3,75	0,59

Vo = 4,50 m

n	P	T	V	𝔗	ρ	*np*	λ
8,7	8,2	13,3	1,13	4,64	0,349	1,63	0,69
13,0	16,5	35,2	1,60	13,20	0,375	2,44	0,66
14,4	20,2	45,8	1,77	17,9	0,391	2,70	0,66
16,3	24,7	62,1	1,96	24,2	0,390	3,06	0,64
18,9	31,6	90,7	2,22	34,8	0,385	3,54	0,63

Vo = 6 m

n	P	T	V	𝔗	ρ	*np*	λ
7,9	8,1	13,9	1,12	4,50	0,324	1,48	0,76
11,1	14,6	29,1	1,50	10,9	0,375	2,08	0,72
14,3	22,2	53,9	18,5	20,5	0,380	2,68	0,69
15,9	25,2	68,3	2,00	26,0	0,380	2,98	0,67
17,5	30,7	84,6	2,18	33,5	0,396	3,28	0,66

De l'examen des chiffres de ces tableaux, il résulte, à première vue, que le rendement de l'hélice est accru par suite de son mouvement de translation ; mais cette augmentation du rendement, très sensible quand on passe de la vitesse υ à la vitesse 3 m par seconde, ne se fait plus guère sentir quand on passe de cette vitesse aux suivantes. En revanche le coefficient λ va croissant à mesure que la vitesse de translation ; mais ici aussi l'augmentation est moins forte quand on passe de 3 à 4, 5 et 6 m que lorsqu'on passe de 0 à 3 m.

De ce que le coefficient λ croît avec la vitesse de translation, il résulte qu'à un même nombre de tours de l'hélice, la poussée sera d'autant plus grande que la vitesse du courant d'air sera elle-même plus grande.

Dans l'air immobile, ainsi que nous l'avons déjà constaté, le rendement ρ et le coefficient λ sont sensiblement constants et indépendants du nombre de tours.

Il ne semble pas en être de même dans l'air en mouvement. Dans chacune des séries d'essais avec translation, on constate que le rendement varie avec le nombre de tours dans des proportions parfois notables et cela conduirait à admettre qu'il y a pour chaque vitesse du courant d'air une vitesse angulaire donnant à l'hélice un rendement maximum. Des chiffres précédents, il semblerait, résulter que ce maximum aurait lieu pour une vitesse angulaire telle que l'avance par seconde qui y correspond soit les deux tiers de la vitesse de translation. Il faudrait de nouvelles expériences pour éclaircir ce point extrêmement intéressant.

Quant à la variation de λ avec le nombre de tours — bien entendu dans l'air en mouvement — elle est trop manifeste pour être mise en doute ; à mesure que la vitesse angulaire croît, le coefficient λ diminue régulièrement et avec lui par conséquent, diminue la vitesse efficace de refoulement V.

Il est inutile, croyons-nous, de faire ressortir l'intérêt que présentent ces diverses constatations au point de vue de l'étude des hélicoptères, dont il est avéré maintenant que les qualités sustentatrices seront manifestement plus grandes en marche qu'à l'arrêt. L'hélice essayée pour porter 22 grammes doit, dans l'air immobile, faire 19,4 tours par seconde et consomme 70 grammes-mètres ; dans un courant d'air de 6 m à la seconde, elle nous donne cette même poussée de 22 gr. à 14,3 tours en consommant seulement 50 gr.-mètres, soit 30 % de puissance en moins. Cet avantage est des plus appréciable d'autant plus qu'il n'est pas acquis au prix d'une importante résistance à l'avancement créée par l'hélice.

M. Riabouchinsky a, en effet, ainsi que nous l'avons déjà vu, mesuré cette résistance directe ; nous reproduisons ci-dessous les résultats de ses essais. Dans la seconde partie du tableau nous avons réuni les quotients de la résistance totale R par le carré de la vitesse de translation Vo. Les chiffres se rapportent à des nombres de tours n entre 8 et 20 par seconde et aux 3 vitesses Vo, ils expriment la résistance en grammes.

n	R			R/Vo		
	3 m	4.5	6	3 m	4.5	6
8	1,31	2,71	4,U	0,145	0,134	0,114
12	1,92	3,52	5,0	0.213	0,174	0,139
16	2,42	4.39	6,11	0,269	0,217	0,170
18	2,54	4,84	6,76	0,282	0,239	0,188
20	2 75	5.29	7,50	0,305	0,262	0,208

On voit que pour un même nombre de tours, la résistance croît moins vite que le carré de la vitesse de translation et que, pour une même vitesse de translation, la résistance augmente avec le nombre de tours.

Si l'on trace les diagrammes R en fonction de *n* pour chacune des 3 valeurs de Vo on voit que, dans la limite où on les utilise, les courbes peuvent être remplacées par des droites et par conséquent :

$$R = a + bn$$

Nous avons trouvé pour *a* et *b* les valeurs suivantes:

Vo = 3 m	4,5	6
a = 0,4	0,85	0,16
b = 0,12	0,225	0,295

Les ordonnées à l'origine *a* sont assez exactement proportionnelles au carré de la vitesse Vo, ce qui est logique puisque l'hélice arrêtée doit offrir une résistance proportionnelle au carré de la vitesse.

Le coefficient angulaire *b* est une fonction linéaire de la vitesse Vo.

On peut donc écrire :

$$a = \alpha \, Vo^2 \qquad \text{avec } \alpha = 0,043$$

$$\beta = \beta Vo - \gamma \qquad \text{avec } \beta = \gamma = 0,06$$

La formule complète de la résistance est donc

$$R = 0,043 \, Vo^2 + 0,06 \, N \, (Vo - 1).$$

Vo étant exprimé en mètres et N en tours par seconde, on obtient R en grammes. La formule s'applique bien entendu à l'hélice de 0,25 m de diamètre. Une hélice semblable de D mètres de diamètres aurait une résistance 16 D^2 fois plus grande.

L'hélice en translation suivant son axe

Avec l'étude de l'hélice animée d'un mouvement de translation suivant son axe, nous abordons l'examen du cas le plus intéressant de son fonctionnement : le cas où elle est employée comme propulseur.

C'est en effet actuellement la fonction la plus importante remplie par l'hélice à bord des véhicules aériens. Ce problème, a tenté les techniciens et nombreux sont ceux qui y ont apporté une contribution de valeur. Leur théorie repose généralement sur l'étude et la détermination des efforts exercés par l'air sur un élément de l'aile afin d'arriver par intégration à la connaissance de la poussée totale exercée par l'hélice et du moment résistant qu'elle oppose au moteur.

Cette méthode ne laisse pas d'être discutable et fût-elle même des plus juste, il n'en plane pas moins un doute sur les résultats qu'elle peut donner, tant elle se base sur des données incertaines. Pour n'en citer qu'une, et ce sera celle que l'on croirait la moins douteuse ; la vitesse absolue de l'air entrant dans l'hélice, nous dirons que cette vitesse n'est pas, ainsi qu'on l'admet communément, égale à la vitesse de translation. Au point fixe, la vitesse de l'air à l'entrée de l'hélice n'est pas nulle, car en vertu de la dépression manométrique qu'elle exerce, elle aspire l'air et en marche, la vitesse d'entrée de l'air n'est pas égale à la vitesse de translation, car l'hélice exerce tout comme au point fixe son aspiration.

Par conséquent, la vitesse d'entrée doit être plus grande que la vitesse de translation. Or il suffit d'une faible différence dans la valeur de la vitesse d'entrée pour modifier notablement les résultats d'une étude où l'on prétend tracer l'hélice avec une telle précision que la vitesse relative d'entrée fait avec la face travaillante de l'aile un angle qui ne doit pas s'éloigner trop de 2°.

On conviendra que la marge est faible et il est infiniment probable que les phénomènes complexes dont sont le siège les hélices, tiennent peu compte des lois rigoureuses auxquelles on veut les astreindre.

À notre avis, il est bien préférable, provisoirement du moins, de recourir à une théorie envisageant les phénomènes dans leur ensemble et de ne s'en servir que comme guide dans l'analyse des faits constatés par l'expérience. La plus simple sera encore la théorie qui se base sur les lois de la variation des quantités de mouvement pour la poussée et des forces vives pour le travail. On peut en attendre par surcroît la découverte de relations unissant les résultats des essais au point fixe à ceux obtenus en marche, puisqu'aussi bien dans l'un et l'autre, ce sera une seule et même théorie qui nous aura fourni les enseignements. Avant d'en faire l'exposé, nous dirons quelques mots des méthodes et appareils employés aux essais des hélices remorquées.

Méthodes et Appareils d'essais

Pour ces essais d'hélices, comme du reste pour tous les essais d'aérodynamique, deux écoles sont en présence. Travailler à poste fixe, mais dans l'air en mouvement ou étudier l'appareil à expérimenter pendant qu'on le remorque ou qu'il se déplace lui-même dans l'air immobile.

La première méthode qui ne s'applique aisément que dans un tunnel ou un tube de dimensions notablement plus grandes que celle de l'hélice à essayer a été employée par M. Riabouchinsky et lui a donné les remarquables résultats que nous étudierons plus loin. La seconde méthode qui s'applique bien aux grandes hélices ; mais qui demande le concours de circonstances atmosphériques favorables et des dispositifs expérimentaux parfois coûteux, fut employée avec succès par les officiers aérostiers italiens sur un hydroplane, par M. Clément à bord de son dirigeable, par le capitaine Dorand, à Chalais Meudon, sur wagon dynamométrique et tout récemment enfin par M. Legrand sur un aéroplane.

Le dispositif expérimental employé par M. Riabouchinsky consiste en une balance dynamométrique de Renard disposée de telle sorte que l'hélice tourne au centre du grand tube qui sert à l'institut à ces sortes d'essais, et que les appareils de mesure soient en dehors.

La photographie de cet appareil est reproduite dans la figure 12. L'axe du moteur est vertical et le mouvement en est communiqué à l'hélice par une transmission conique. L'ensemble, bien équilibré, peut osciller autour d'une ligne de couteaux qui peut occuper par rapport à l'axe de l'hélice deux positions : l'une perpendiculaire à cet axe pour la mesure de la poussée, l'autre parallèle pour la mesure du moment résistant. Les expériences ont porté sur des hélices de 0,30 m de diamètre.

Ainsi que nous l'avons dit précédemment, M. Legrand s'est proposé de mesurer directement la poussée exercée par l'hélice d'un aéroplane en

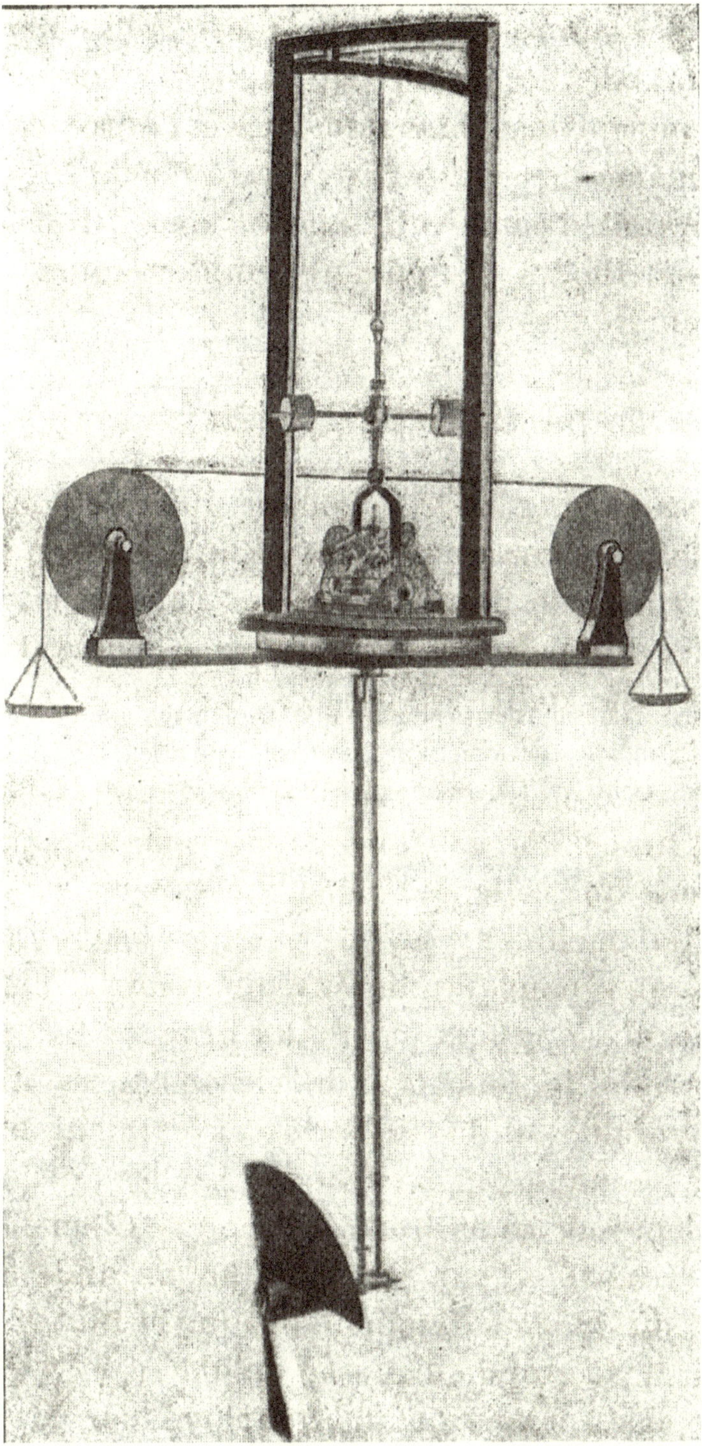

Fig. 12.

plein vol. L'entreprise originale et audacieuse a été menée à bonne fin en juillet 1910.

Le dispositif d'essai a consisté à enregistrer la poussée au moyen d'un dynamomètre Richard installé à bord. À cette fin, la tôle qui dans les aéroplanes Voisin, entretoise le fuselage à l'arrière et par laquelle se transmet la poussée à tout l'appareil, a été laissée flexible par la suppression des rebords rabattus qui la raidissent d'ordinaire. La flexion de cette tôle est transmise par un attelage rigide et sans jeu au dynamomètre et la pression dans ce dernier va s'exercer à son tour sur l'enregistreur. Les difficultés d'installation sont assez grandes et des précautions spéciales doivent être prises afin d'éviter les erreurs.

Il est à craindre en effet que la tôle flexible à l'arrière n'étale à elle seule une partie notable de l'effort, ce qui ne manquerait pas de se produire s'il y avait du jeu dans l'attelage du dynamomètre. On se rend compte du reste aisément de la précision du montage en faisant l'essai à terre au moyen d'un fort tendeur agissant sur la tôle par l'intermédiaire d'un peson.

L'enregistreur ne fonctionnait pas bien au début à cause des secousses que lui imprimait l'appareil pendant le lancement; mais toutes ces petites difficultés ont été surmontées et des résultats pratiques hautement intéressants ont été obtenus grâce à cette méthode.

Théorie rationnelle de l'hélice

Dans l'hélice en marche suivant son axe, la poussée étant obtenue par la réaction du flux d'air débité est égale à la variation de la quantité de mouvement par seconde de ce flux.

Par suite de l'action de l'hélice, la vitesse du flux passe de Vo — vitesse de translation — à V_1 — vitesse du refoulement et pour avoir une poussée positive, c'est-à-dire dirigée dans le sens de la translation, il faut que V_1 soit plus grand que Vo. La masse de l'air débité par seconde s'exprime par celle d'un cylindre ayant pour section, le cercle balayé par l'hélice de diamètre D et pour hauteur la vitesse V_1. La formule de la poussée est donc :

$$\mathcal{P} = \frac{\pi D^2}{4} \frac{\Delta}{g} V_1 (V_1 - V_0)$$

Quant au travail, comme il a pour expression la variation de la force vice, la formule en est :

$$\mathcal{T} = \frac{1}{2} \frac{\pi D^2}{4} \frac{\Delta}{g} V_1 (V_1{}^2 - V_0^2)$$

Dans ces formules nous n'avons pas encore fait d'hypothèse sur la valeur de V1 : à l'exemple de ce que nous avons admis pour l'hélice au point fixe, nous supposerons que dans l'appareil idéal, cette vitesse est égale à l'avance par seconde, c'est-à-dire le produit du pas *p* par le nombre de tours par seconde *n*. En remplaçant V1 par sa valeur *np* dans les formules précédentes, nous obtenons pour expressions des poussées et travail maxima d'une hélice remorquée à la vitesse Vo les relations :

$$\mathcal{P} = \frac{\pi D^2}{4} \frac{\Delta}{g} n^2 p^2 \left(1 - \frac{V_0}{np}\right)$$

$$\mathcal{T} = \frac{1}{2} \frac{\pi D^2}{4} \frac{\Delta}{g} n^3 p^3 \left(1 - \frac{V_0^2}{n^2 p^2}\right).$$

Si l'on remarque que, à part la parenthèse, les seconds membres de ces équations représentent respectivement la poussée et le travail maxima de cette même hélice faisant *n* tours au point fixe, on voit qu'on peut écrire :

$$\mathcal{P} = P\left(1 - \frac{V_0}{np}\right)$$

$$\mathcal{T} = T\left(1 - \frac{V_0^2}{n^2 p^2}\right)$$

deux formules qui relient simplement les résultats des essais en marche.

L'expression 1 - Vo/*np* que nous écrirons 1 - ε est celle bien connue du recul. Cette dénomination provient, comme on sait, de ce qu'elle exprime en quelque sorte le recul éprouvé par l'hélice qui en une seconde, dans un milieu solide où elle se visserait, aurait avancé de *np*, mais qui, dans l'air, n'a avancé que de Vo.

En fonction du recul les formules s'écrivent :

$$\mathcal{P} = P(1 - \varepsilon)$$

$$\mathcal{T} = T(1 - \varepsilon^2)$$

En marche, la poussée est moins grande qu'au point fixe — au même nombre de tours, bien entendu — elle diminue à mesure que la vitesse de remorque s'accroît et s'annule quand cette vitesse est devenue égale à l'avance par tour.

De même, le moment résistant diminue à mesure que la vitesse croît et il s'annule en même temps que la poussée. Le coefficient ε étant normalement plus petit que 1, $\varepsilon^2 < \varepsilon$ et par conséquent $\mathcal{T}$ diminue moins vite que $\mathcal{P}$ et en fait :

$$\frac{\mathcal{P}}{\mathcal{T}} = \frac{P}{T} \frac{1}{1+\varepsilon}$$

la poussée par cheval dans une hélice en marche est plus faible qu'au point fixe.

Les formules et lois qui précèdent s'appliquent à l'hélice parfaite, refoulant l'air suivant un cylindre en tous les points de la section duquel la vitesse est constante et parallèle à l'axe. L'étude de l'hélice au point fixe nous a montré que les appareils que nous construisons, ne réalisent qu'imparfaitement ces conditions et il est à prévoir, qu'en marche, l'hélice réelle ne donne qu'approximativement les résultats théoriquement obtenables.

La mesure de cette approximation va nous conduire à la notion du rendement.

Définition du rendement

De ce que nous savons déjà de l'hélice au point fixe, nous pouvons prévoir que la vitesse de refoulement ne sera pas égale à l'avance par tour. Mais pour déterminer cette vitesse — sinon en chaque point du cercle balayé, du moins une moyenne efficace — nous disposons de la valeur de la poussée déterminée au préalable par un essai.

Nous avons en effet, si nous appelons V_1 cette vitesse moyenne efficace :

$$\mathcal{P} = \frac{\pi D^2}{4} \frac{\Delta}{g} V_1 (V_1 - V_0)$$

Vo est la vitesse de remorque. Au cours d'un essai $\mathcal{P}$ et Vo sont mesurés, cette équation nous permet donc de calculer V_1.

Au moyen de V_1 nous pouvons maintenant calculer le travail $\mathcal{T}'$ qu'aurait théoriquement absorbé une hélice de diamètre D remorquée à la vitesse Vo en débitant l'air en un flux cylindrique régulier homogène à vitesse V_1.

Ce travail est :

$$\mathfrak{T}' = \frac{1}{2} \frac{\pi D^2}{4} \frac{\Delta}{g} V_1 (V_1^2 - V_0^2)$$

En comparant ce travail $\mathfrak{T}'$ au travail $\mathfrak{T}$ réellement absorbé — et qui diffère évidemment de $\mathfrak{T}'$ de tout le travail supplémentaire consommé par suite de l'obliquité des vitesses de sortie, de leurs variations, des frottements, des chocs, etc. — on définira le rendement $\rho = \mathfrak{T}'/\mathfrak{T}$ de l'hélice considérée dans les conditions de l'essai.

Nous verrons plus loin des exemples de calcul du rendement d'après cette méthode. Dès maintenant, faisons remarquer que les opérations ne sont pas très compliquées : pour V_1 ; les coefficients numériques étant calculés, il n'y a qu'une équation du second degré à résoudre ; quant à $\mathfrak{T}'$, il se calcule aisément quand on a déterminé V_1, car on a :

$$\mathfrak{T}' = \frac{1}{2} \mathcal{P} (V_1 + V_0)$$

En outre, pour relier la vitesse V_1 aux données de l'hélice, nous déterminerons généralement le rapport λ de cette vitesse à l'avance par seconde *np*.

Dans le cas de l'hélice propulsive, les auteurs sont généralement d'accord pour définir le rendement de l'hélice par le rapport entre le travail utile et le travail consommé ; le travail utile étant pris égal au produit de la poussée par la vitesse de translation.

Il est incontestable que ce travail est réellement un travail utile ; mais il nous paraît peu fondé d'appliquer à l'hélice les qualités ou les défauts que tendraient à lui donner des valeurs notables ou faibles du rapport ci-dessus, qui semble mieux convenir à l'évaluation de l'adaptation de l'hélice à l'appareil qu'elle remorque, qu'à la détermination des qualités propres de l'hélice.

Nous estimons préférable de nous en tenir à notre définition du rendement pour le classement des hélices. Lorsqu'il s'agira en outre d'adapter une hélice à un appareil, nous aurons à faire un choix judicieux entre les hélices à bon rendement et à prendre celle dont le rendement sera obtenu et maintenu dans les conditions réelles de son emploi.

Il est aisé de calculer le rendement de propulsion théorique c'est-à-dire dans le cas où l'hélice fonctionne d'une manière idéale. Nous savons en effet qu'à la vitesse V_0 la poussée est égale à :

$$\mathcal{P} = \frac{\pi D^2}{4} \frac{\Delta}{g} np\,(np - V_0)$$

le travail de propulsion est $\mathfrak{T}_1 = \mathcal{P} V_0$. Mais l'hélice absorbe un travail :

$$\mathfrak{T} = \frac{1}{2} \frac{\pi D^2}{4} \frac{\Delta}{g} np\,(n^2p^2 - V_0^2) = \frac{1}{2} \mathcal{P}\,(np + V_0)$$

Le rendement théorique de propulsion est donc :

$$\rho = \frac{\mathfrak{T}_1}{\mathfrak{T}} = \frac{2\,V_0}{np + V_0} = \frac{2\,\varepsilon}{1 + \varepsilon}$$

en appelant comme précédemment ε le rapport de la vitesse Vo à l'avance par tour *np*.

Le rendement propulsif varie donc de 0 à 1 suivant les valeurs de ε ; il est nul pour ε = 0 (hélice au point fixe) et égal à 1 pour ε = 1 (hélice remorquée à une vitesse égale à l'avance par tour). En pratique, comme même à cette dernière vitesse, il faudra développer une certaine puissance pour faire tourner l'hélice, le rendement propulsif sera également nul, et la courbe réelle de ce rendement sera par exemple la courbe en traits pleins de la fig. 13.

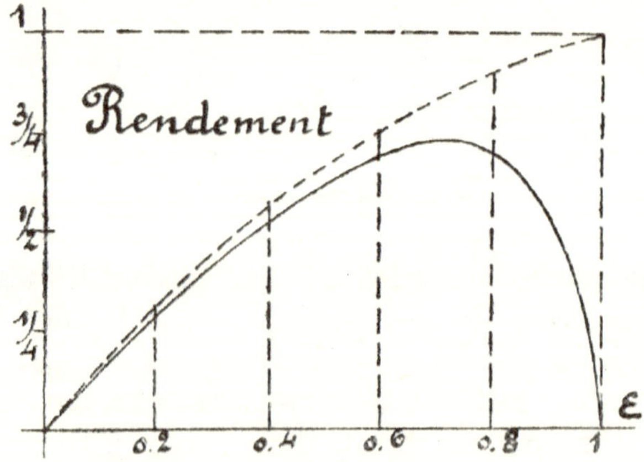

Fig. 13.

Elle présente un maximum aux environs de ε = 0,70 (recul 30 %) au-delà duquel la diminution du rendement est très rapide. Nous noterons qu'à ce recul de 30 %, le rendement théorique de propulsion est égal à 82 %.

Résultats d'essais

En toute première ligne, nous devons étudier les essais de M. Riabouchinsky car ils sont de beaucoup les plus complets. Ils ont porté sur une série d'hélices de diamètre D égal à 0,30 m, de pas successivement égal à ¼, ½, 1, 2 et 3 D et tournant à diverses vitesses dans un courant d'air de 3, 4,5 ou 6 mètres par seconde. Les résultats d'essais groupés en tableaux sont publiés dans le *Bulletin de Koutchino*, 2e fascicule, pp. 81 à 90 et les diagrammes qui leur correspondent sont reproduits dans les figures 61 à 70 du même bulletin.

Nous dirons d'abord quelques mots de ces diagrammes et de la façon dont ils ont été tracés.

Dans un courant d'air de vitesse connue, M. Riabouchinsky fait tourner une hélice dans les deux sens avec des vitesses variables. L'hélice essayée est en effet à pas constant et les surfaces travaillante et dorsale de l'aile étant parallèles, on peut la faire tourner dans les deux sens. Dans un cas, elle débite l'air dans le sens du courant, dans l'autre cas en sens inverse.

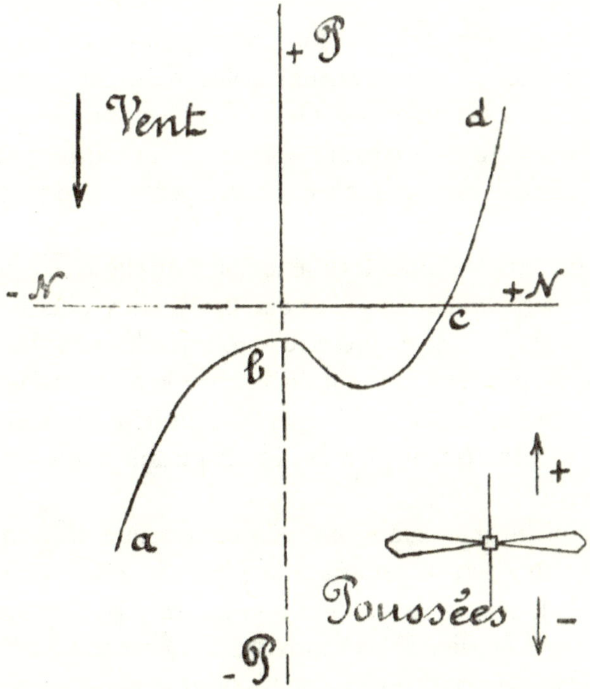

Fig. 14.

Lorsque l'air est rejeté en sens inverse du courant, le nombre de tours est compté négativement et porté à gauche de l'axe vertical - POP sur l'axe des nombres de tours - NON (fig. 14). Quand l'air est refoulé dans le sens du courant, le nombre de tours est compté positivement et porté à droite de l'axe - POP.

Quant aux poussées observées, elles sont portées sur l'axe — POP des poussées, vers le haut (poussées positives) quand elles sont dirigées en sens inverse du courant d'air, vers le bas (poussées négatives) quand elles sont dirigées dans le sens du courant. La règle des signes des poussées est telle que la poussée soit positive dans le cas qui correspond à l'hélice agissant comme propulseur.

Dans ces conditions, la poussée d'une hélice tournant à des vitesses successives passant de - N à + N tours est représentée par le diagramme abc de.

De *a* en *b*, la poussée est évidemment négative et sa valeur absolue va en diminuant à mesure que le nombre de tours diminue. En *b*, la poussée est toujours négative, elle représente la résistance au vent de l'hélice arrêtée.

Au-delà de *b*, le sens de la rotation devient positif mais la poussée reste négative et même s'accroît en valeur absolue, passe par un maximum en *c*, puis diminue et s'annule en *d*. De *b* en *d*, l'hélice fonctionne comme un moulin à vent : c'est le courant d'air qui la fait tourner. Au-delà de *d* enfin, la poussée devient positive et l'hélice peut être employée comme propulseur.

L'allure de cette courbe et les phénomènes qu'elle décèle peuvent être assez aisément expliqués par le fait que la résistance offerte par l'hélice au courant d'air croît à mesure qu'elle tourne plus vite. La mesure du phénomène ne peut être faite sur l'hélice, car la rotation fait apparaître une poussée perturbatrice ; mais on peut s'en faire une idée en faisant tourner un double secteur plan qui est en quelque sorte une hélice de pas nul.

M. Riabouchinsky a fait tourner un tel secteur à différentes vitesses dans un courant d'air et constaté que la poussée — évidemment négative quel que soit le sens de la rotation — mise en diagramme donne une courbe telle que *bb* (fig. 15). D'autre part, l'hélice tournant seule dans l'air immobile donne une poussée tantôt positive tantôt négative suivant le sens de la rotation et que l'on peut représenter par la courbe *cc*.

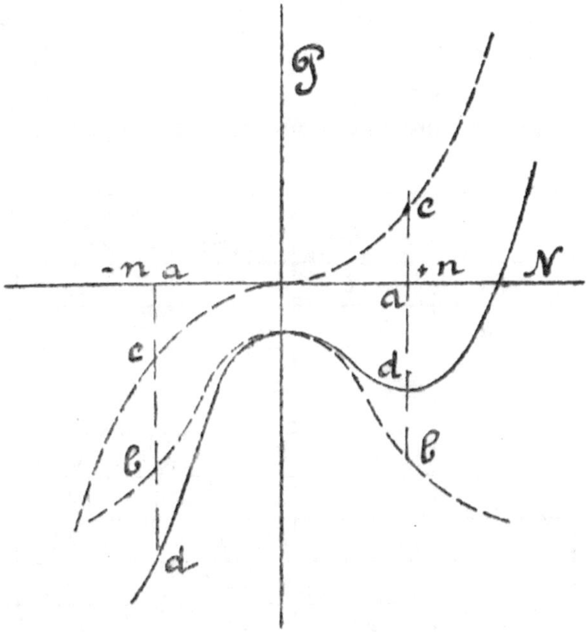

Fig. 15.

Quand on fait tourner cette hélice dans un courant d'air, on conçoit que la poussée qu'elle développera, sera la somme algébrique de sa poussée propre et de la résistance qu'elle oppose au courant fluide.

Dans la région des poussées négatives, en - *n* par exemple, la poussée s'obtiendra en ajoutant à l'ordonnée *ab* du secteur l'ordonnée *ac* de l'hélice ce qui donne le point *d* de la courbe *dd*, qui est celle des poussées de l'hélice dans le vent. Pour *n* = o, hélice immobile, les courbes *bb* et *dd* sont évidemment tangentes. Pour des valeurs positives de *n*, le secteur et l'hélice donnent des poussées de sens contraires et comme celles du secteur croissent d'abord plus vite que celles de l'hélice, la poussée résultante reste négative et peut même croître en valeur absolue. À partir d'une certaine vitesse cependant la poussée de l'hélice croit plus vite que celle du secteur et la poussée résultante diminue en valeur absolue, s'annule puis devient positive. La courbe *dd* est d'allure analogue à celle que l'on trace au moyen des résultats d'expériences sur hélices dans le courant.

À titre d'exemple, nous avons réuni dans le tableau suivant, pour une hélice de pas égal à ¼ D, les poussées exercées sur le secteur tournant dans un vent de 3 m à la seconde, les poussées de l'hélice dans l'air immobile, la somme algébrique de ces deux poussées et enfin les poussées de l'hélice dans le vent de 3 m.

Tous les nombres représentent des grammes.

N	Secteur	Hélice	Hélice + secteur	Hélice dans le vent	
- 40	- 60	- 40	- 100	- 90	
- 30	- 56	- 22	- 78	- 74	
- 20	- 48	- 9	- 57	- 60	
- 10	- 32	- 3	- 35	- 38	
0	- 6	- 0	- 6	- 6	0
10	- 32	3	- 29	- 24	8
20	- 48	9	- 39	- 24	24
30	- 56	22	- 34	- 16	40
40	- 60	40	- 20	0	60

De la comparaison des chiffres des deux dernières colonnes, il résulte que si dans la région des N négatifs, la poussée réelle de l'hélice dans le vent est bien égale à la poussée de l'hélice immobile augmentée de celle du secteur, il n'en est pas de même dans la région où les nombres de tours sont comptés positivement.

Dans cette région, la poussée réelle est notablement plus grande que la somme algébrique des poussées.

Cela provient probablement de ce que dans cette région, l'hélice travaille en fait beaucoup mieux qu'au point fixe et cela n'a rien d'étonnant puisque pour les nombres de tours en question, l'hélice est alimentée par un flux d'air dont la vitesse est supérieure ou tout au moins égale à l'avance par seconde. Il est évident alors que l'hélice débite à gueule bée, pour ainsi dire et la poussée propre doit être notablement plus grande qu'au point fixe.

Il est facile de calculer que pour obtenir par la méthode indiquée, les chiffres de la dernière colonne, il aurait fallu que les poussées propres de l'hélice fussent égales aux chiffres de la colonne incomplète. Ils sont notablement plus grands que les résultats au point fixe et sans qu'on puisse affirmer qu'ils sont exacts, on peut croire qu'ils ne sont pas très éloignés de la réalité et en tout cas, ils permettent d'augurer que le rendement des hélices en marche est plus grand qu'au point fixe.

Nous avons, pour cette vérification que nous venons de faire, choisi à dessein l'hélice de pas égal au ¼ du diamètre, car c'est elle qui se rapproche le plus du secteur et les résultats du calcul ci-dessus sont plus probants que si l'application en avait été faite à une hélice de grand pas.

Nous pouvons maintenant reprendre l'étude de la courbe des poussées. Laissant de côté la partie qui se rapporte aux poussées négatives à des nombres de tours négatifs, nous examinerons d'abord la région des poussées négatives à des nombres de tours positifs, l'hélice fonctionnant alors comme moulin à vent, elle est mise en rotation par le courant d'air et elle est capable de fournir du travail.

Pour les hélices à pas usuels, allant jusqu'au diamètre, la forme de cette partie de la courbe est celle que nous avons reproduite dans la figure 15.

La première constatation qui s'impose est que la poussée s'annule pour un nombre de tours tel que l'avance par seconde qui y correspond est voisine de la vitesse de remorque.

Le tableau suivant, où nous avons fait figurer les avances par seconde pour les nombres de tours correspondant aux poussées nulles, rend bien compte de ce fait.

p	Vo = 3		Vo = 4,5		Vo = 6	
	n	*np*	*n*	*np*	*n*	*np*
¼ D = 0,075	38	2,85	—		—	
½ D = 0,15	19	2,85	27	4,05	36	5,10
D = 0,3	10	3,00	14	4,20	19	5,70
2 D = 0,6	5	3,00	7,5	4,50	10	6,00

Ce résultat est d'autant plus intéressant que la théorie permettait de le prévoir. De la formule de poussée $\mathscr{P}$, il est en effet évident que la poussée sera nulle pour :

$$Vo = np$$

et ce résultat nous autorise à supposer que dans ces conditions du fonctionnement des hélices, la vitesse de sortie est bien voisine de l'avance par tour.

Nous pouvons, dès lors, prévoir un autre résultat non moins intéressant. De la formule de la poussée, mise sous la forme :

$$\mathcal{P} = \frac{\pi D^2}{4} \frac{\Delta}{g} np (np - V_0)$$

nous voyons que, en valeur absolue, cette poussée est fonction du produit *np* (Vo - *np*) nous écrivons Vo - *np*, parce que par hypothèse, dans cette région, la vitesse du courant d'air est plus grande que l'avance par tour. On sait, d'autre part, que le produit de deux facteurs *np* et Vo - *np*, dont la somme Vo est constante, est maximum quand les deux facteurs sont égaux. Soit :

$$np = Vo - np$$

$$np = Vo / 2$$

$$n = \tfrac{1}{2} Vo/p = \tfrac{1}{2} n_1$$

La valeur absolue de la poussée passe par un maximum pour un nombre de tours tel que l'avance par seconde qui y correspond est la moitié de la vitesse de remorque.

On peut aussi, se souvenant de ce qui précède, dire que la valeur absolue maximum de la poussée correspond à un nombre de tours moitié de celui auquel correspond la poussée nulle.

L'expérience vérifie ce résultat ainsi que le montre le tableau suivant où sont renseignés pour diverses hélices à diverses vitesses les nombres de tours *n* auxquels correspondent les poussées négatives maxima.

p	Vo = 3		Vo = 4,5		Vo = 6	
	n	*np*	*n*	*np*	*n*	*np*
¼ D = 0,075	16	1,20	26	1,95	30	2,25
½ D = 0,15	9	1,35	14	2,10	18	2,70
D = 0,30	6	1,80	8	2,40	9	2,70

Nos chiffres s'arrêtent à *p* = D, parce qu'au-delà les phénomènes n'apparaissent plus et en particulier pour les hélices de pas 2 D et 3 D, la courbe de la poussée négative ne présente plus de maximum. Cela provient évidemment de ce que pour ces hélices à grand pas, même grâce au fait que le courant d'air qui les rencontre favorise l'écoulement des filets fluides, la vitesse de sortie de ceux-ci ne peut pas être égale à l'avance par tour.

Les considérations qui précèdent, en outre de leur intérêt théorique, peuvent donner la solution d'un problème intéressant qui fut posé dans la pratique par le vol plané des aéroplanes.

La question est la suivante : convient-il de caler ou de laisser libre l'hélice d'un aéroplane qui descend en vol plané[5] ? Pendant le vol plané, il convient de réduire au minimum les résistances à la marche et par conséquent le problème ci-dessus sous-entend le suivant : de deux hélices, l'une fixe, l'autre tournant librement sous l'action du vent, quelle est celle qui offre le moins de résistance au vent ?

Les expériences faites à l'Institut Aérodynamique de Koutchino nous permettent de résoudre ce problème avec exactitude. Pour la généralité, nous examinerons tous les cas d'hélices étudiées même celles dont l'emploi n'a pas encore été fait sur les aéroplanes.

Lorsqu'une hélice qui ne tourne pas est remorquée suivant son axe, elle oppose une résistance qui croît notablement avec la vitesse de translation et qui, pour une même vitesse, est d'autant plus faible que le pas est plus grand, ainsi que le montre le tableau ci-dessous :

Pas	Vo = 3 m	Vo = 4,5	Vo = 6
¼ D	6,2	13,1	24,8
½ D	6,0	13,5	22,0
D	5,4	12,5	22,7
2 D	5,0	9,5	17,4
3 D	3,9	8,9	17,2

Ces résistances sont données en grammes pour des hélices de 0,30 m de diamètre.

On voit que pour une même hélice, la résistance est sensiblement proportionnelle au carré de la vitesse de translation. Ce résultat, conforme à la théorie générale du reste, autorise à écrire que cette résistance R a la forme :

$$R = K\,S\,Vo^2$$

où S est la section projetée de l'hélice sur le plan du mouvement et K un

[5] Voir *Aérophile*.

coefficient qui varie avec la fraction de pas ainsi que le montre le tableau suivant :

Valeurs de K

PAS	Vo = 3	4,5	6	MOYENNE
¼ D	0,097	0,091	0,096	0,094
½ D	0,093	0,094	0,086	0,091
D	0,085	0,087	0,089	0,087
2 D	0,079	0,066	0,068	0,071
3 D	0,061	0,061	0,067	0,063

Si l'on trace le diagramme exprimant la variation de K moyen avec le pas, on trouve que c'est une droite dont l'équation est :

$$K = 0{,}098 - 0{,}012 f$$

dans laquelle *f* est le rapport du pas au diamètre.

La résistance au mouvement d'une hélice arrêtée est donc donnée par la formule :

$$R = (0{,}098 - 0{,}012 f)\ SVo^2$$

dans laquelle S représente la surface projetée de l'hélice et Vo la vitesse de remorque.

Si au lieu d'être immobile, l'hélice tourne sous l'action du vent relatif créé par le mouvement de translation, la résistance à la marche suit une loi très différente suivant que le pas est plus ou moins grand. Pour les pas notablement plus grands que le diamètre — soit 2 D et 3 D dans les essais de M. Riabouchinsky — la résistance reste d'abord constante puis décroît d'autant plus vite que l'hélice se met à tourner plus vite ; elle s'annule comme nous l'avons vu, au nombre de tours tel que l'avance par seconde qui y correspond est égale à la vitesse de remorque.

Mais ce cas offre peu d'intérêt pratique, car les hélices d'aéroplanes n'ont guère des pas aussi grands. Or, pour les hélices à faible pas — jusqu'à et y compris le pas égal au diamètre — la loi de variation de la résistance à la marche est plus compliquée.

À mesure, en effet, que sous l'action du courant d'air, l'hélice se met à tourner avec une vitesse de plus en plus grande, elle offre à l'avancement une résistance qui va en augmentant, atteint un maximum puis diminue pour s'annuler au nombre de tours défini plus haut.

La résistance maximum peut être notablement plus grande que la résistance de l'hélice qui ne tourne pas. Le tableau suivant nous donne quelques exemples :

		Vo = 3	4,5	6
p = ¼ D	R*o*	6,2	13,1	24,8
	R*m*	26,4	61,6	108,7
p = ½ D	R*o*	6	13,5	22
	R*m*	16,6	38,4	68,6
p = D	R*o*	5,4	12,5	22,7
	R*m*	8,6	18,2	35,9

Ce que nous avons dit précédemment au sujet de cette partie de la courbe des poussées de l'hélice, nous permettrait même de calculer au besoin cette résistance par les formules générales. Il suffirait de calculer le nombre de tours n qui donne une avance par seconde égale à la vitesse de remorque et de calculer la poussée pour une vitesse égale à $n/2$ puisque nous avons vu que c'est à ce nombre de tours que correspond le maximum de poussée négative.

On voit donc, pour en revenir au problème que nous nous sommes posé, que la question de savoir s'il convient d'arrêter ou de rendre libre l'hélice d'un aéroplane qui descend en vol plané n'admet pas de solution unique, mais demande à être discutée dans chaque cas particulier.

Pour les hélices à très grand pas — 1,5 D au moins — il vaut mieux les rendre libres.

Pour les autres, et en général pour les hélices actuellement employées, il convient de les caler à moins que leur mouvement de rotation ne puisse devenir assez rapide pour que la poussée négative dépasse notablement la région de son maximum et arrive presque à zéro.

Il est bien entendu que les conclusions précédentes qui s'appliquent aux aéroplanes descendant en vol plané, s'appliqueraient — mais ,à rebours — aux hélicoptères descendant moteur arrêté, car dans ce dernier cas il s'agirait précisément d'obtenir que l'hélice opposât au mouvement de descente la résistance maximum.

Calcul du rendement

Nous avons exposé précédemment la méthode que nous proposons pour le calcul du rendement de l'hélice en marche. Cette méthode suppose connus la poussée produite et le travail consommé par l'hélice ; ces renseignements ne sont donnés dans le *Bulletin de Koutchino* que pour l'hélice dont le pas est double du diamètre et ce que nous savons de ces hélices à grand pas nous permet de prévoir déjà que le rendement et les autres coefficients s'écarteront beaucoup des valeurs théoriques.

Le tableau suivant résume les calculs faits sur les essais de cette hélice dans un courant d'air de 3 m à la seconde.

$D = 0{,}30$ m $\quad p = 2D \quad V_o = 3$m

n	P	V_1 (V_1-V_o)	V	$(V_1+V_o)/2$	$\mathfrak{T}_c$	$\mathfrak{T}$	ρ	np	λ
5,4	0,7	0,075	3,02	3,01	0,21	3,7	—	3,24	0,93
8,1	11,2	1,20	3,36	3,18	33,6	44,7	0,75	4,86	0,69
9,8	20,9	2,25	3,64	3,32	69,2	122	0,57	5,88	0,62
10,6	23	2,47	3,67	3,33	76,5	148	0,52	6,36	0,58
12,8	38,7	4,16	4,03	3,51	135	316	0,43	7,68	0,53
14,1	44,1	4,74	4,15	3,58	158	459	0,34	8,46	0,49
15,4	54,3	5,85	4,35	3,67	199	651	0,31	9,24	0,47
18,5	81,8	8,80	4,82	3,91	320	920	0,34	11,10	0,44

Les calculs ci-dessus se rapportent à la région des poussées positives, c'est-à-dire, au cas de l'hélice propulsive.

Les poussées sont en grammes, les vitesses en mètres, les travaux théoriques $\mathfrak{T}_c$ et mesuré $\mathfrak{T}$ en grammes-mètres, ρ est le rendement et λ le rapport de la vitesse moyenne efficace V_1 à l'avance par seconde *np*.

Nous constatons d'abord que le rendement, au lieu d'être sensiblement constant comme dans l'hélice au point fixe, varie beaucoup et en fait, diminue progressivement à mesure que le nombre de tours augmente. C'est ce qu'on exprime généralement en disant que le rendement est d'autant plus faible que le recul est plus grand.

Le coefficient λ diminue également à mesure que la vitesse augmente, ce qui montre que la vitesse moyenne efficace du flux s'écarte de plus en plus de l'avance par seconde. Il n'en était pas de même au point fixe, où ce coefficient reste sensiblement constant.

En revanche, pour certaines valeurs du nombre de tours — au voisinage de celui pour lequel l'avance par seconde atteint la vitesse de remorque — le coefficient λ prend des valeurs qu'il n'atteint que rarement au point fixe, même pour des hélices de pas beaucoup plus faibles que le double du diamètre, comme c'est le cas ici.

Les mêmes constatations peuvent être faites d'après les résultats réunis dans le tableau suivant, relatifs aux essais de cette même hélice dans un vent de 4,5 mètres à la seconde.

D = 0,30 m   *p* = 2 D   Vo = 4,5 m

n	P	V1 (V1-Vo)	V_1	$(V_1+V_o)/2$	$\mathfrak{T}_c$	$\mathfrak{T}$	ρ	np	λ
7,9	1,4	0,15	4,53	4,51	6,33	—	—	4,74	0,96
9,1	8,1	0,87	4,58	4,54	36,7	23	1,60	5,46	0,84
10,0	10,9	1,17	4,75	4,63	50,4	69	0,73	6,00	0,79
11,8	19,5	2,10	4,93	4,72	91,5	233	0,39	7,06	0,70
13,2	31,8	3,42	5,06	4,78	151	325	0,46	7,90	0,64
15,6	48,4	5,31	5,47	4,98	241	677	0,35	9,58	0,57
18,5	75,7	8,15	5,88	5,19	394	1189	0,33	11,10	0,53

Les calculs sur les résultats d'essais dans le vent de 6 m conduiraient aux mêmes conclusions.

Les calculs précédents nous ont montré que la vitesse efficace de sortie n'est pas égale à l'avance par tour ; elle est notablement moindre en général. Toutefois, aux environs du nombre de tours à partir duquel la poussée devient positive, le coefficient λ se rapproche beaucoup de l'unité. On peut en induire que dans la région où l'hélice se comporte comme un moulin à vent, la vitesse de sortie est très voisine de l'avance par tour. Si les choses se passent comme nous le supposons, on peut, dans cette région, calculer la poussée par les formules théoriques que nous avons données au début de cette étude.

Pour vérifier ce fait, nous avons fait ces calculs pour l'hélice de pas égal à ½ D dans des vents de 3, 4, 5 et 6 mètres à la seconde. Sans les reproduire ici, nous dirons que nous avons trouvé que la poussée réelle est à peu près égale aux 0,8 de la poussée théorique. Ce résultat, bien meilleur que tous ceux que nous avons trouvés, indique que dans ce cas spécial du fonctionnement des hélices, les phénomènes qui s'y passent sont beaucoup plus réguliers qu'au point fixe ou même qu'en marche avec poussée positive.

Ce résultat est de peu d'importance en pratique puisque les hélices ne travaillent pas comme moulins à vent, mais il nous donne une idée de ce qu'il est permis d'espérer des hélices quand des dispositifs spéciaux — encore à trouver du reste — auront eu pour effet de réduire ou de supprimer les causes perturbatrices qui ont une si fâcheuse influence sur le rendement.

Formules pratiques

Si l'on réunit en un même diagramme, la série des courbes de poussée obtenues par M. Riabouchinsky, avec une même hélice au point fixe et dans un courant d'air animé de vitesses croissantes, on constate que, dans la région des poussées positives, ces courbes sont sensiblement parallèles, c'est-à-dire, que la différence des ordonnées de deux de ces courbes reste sensiblement constante quelle que soit l'abscisse du point où l'on fait cette différence.

Par exemple, sur la fig. 16, la différence *ab* des ordonnées de la courbe Vo = 0 (poussées au point fixe) et de la courbe Vo = 3 (poussées dans le vent de 3 m) est à peu près constante. Cette différence sera aussi celle des ordonnées en n, et puisque l'ordonnée de la courbe Vo = 3 est nulle, sera précisément l'ordonnée de la courbe Vo = 0 soit la poussée au point fixe de l'hélice considérée tournant à n_1 tours. Nous aurons :

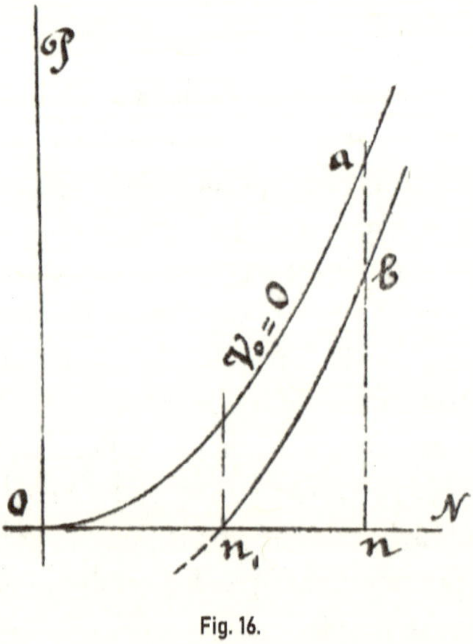

Fig. 16.

$$P - \mathcal{P} = P_1$$

$$\mathcal{P} = P - P_1$$

$\mathcal{P}$ la poussée en marche à n tours est égale à P poussée au point fixe, à n tours, moins P_1, poussée au point fixe à n_1 tours.

Or, nous avons vu que la poussée en marche s'annule à un nombre de tours n_1 tel que l'avance par seconde devienne égale à la vitesse de remorque Vo :

$$n_1 p = V_0$$

cette relation nous suffit à déterminer n_1.

En reprenant pour les poussées au point fixe les formules de Renard, nous écrivons que, à n tours et remorquée à la vitesse Vo, l'hélice donne une poussée :

$$\mathcal{P} = \alpha n^2 D^4 - \alpha n^2_1 D^4$$

ou

$$\mathcal{P} = \alpha n^2 D^4 \left(1 - \frac{V_0^2}{n^2 p^2}\right)$$

C'est la formule que donne M. Riabouchinsky comme conclusions de ses essais.

La formule du travail est de même :

$$\mathfrak{T} = \beta n^3 D^5 \left(1 - \frac{V_0^2}{n^2 p^2}\right)$$

mais nous n'avons pu nous rendre compte, comme pour la précédente, de son bien-fondé.

Des applications que nous avons faites de ces formules aux expériences mêmes du laboratoire de Koutchino, il nous a paru qu'elles s'appliquaient le mieux aux cas où le recul était grand or, pour avoir de bons rendements, il faut rester dans la région des faibles reculs où les formules s'appliquent moins bien.

Pour les faibles reculs, c'est-à-dire aux environs du nombre de tours n_1 , ce que nous savons de la vitesse moyenne efficace de sortie, nous autorise à croire que les choses se passent plutôt comme l'indique la théorie, c'est-à-dire que la poussée $\mathcal{P}$ est donnée par la formule :

$$\mathcal{P} = P\left(1 - \frac{V_0}{np}\right) = P(1 - \varepsilon)$$

et le travail par :

$$\mathfrak{T} = T\left(1 - \frac{V_0^2}{n^2 p^2}\right) = F(1 - \varepsilon^2)$$

et dans ces formules $\mathcal{P}$, $\mathfrak{T}$; P et T sont les poussées et travaux réels en marche et au point fixe. La seconde est identique à celle de M. Riabouchinsky.

Essais du laboratoire de Chalais-Meudon

Les essais faits au laboratoire de Chalais-Meudon et publiés par le capitaine Dorand dans la *Technique aéronautique*, T. I, p. 433 ont, sur ceux de Koutchino, l'avantage de se rapporter à des hélices de grande dimension fonctionnant dans des conditions très voisines de celles de leurs applications réelles.

Nous étudierons, par la méthode que nous avons exposée, l'hélice de 2,50 m de diamètre et de 1,875 m de pas ; les chiffres de nos tableaux ont été tirés par estimation des diagrammes publiés par le capitaine Dorand.

Vo = 0

n tours	P kg	T kg^{m}	V^2	V mèt^{res}	V^3	Tc kg^{m}	ρ	*np* mèt^{res}	λ
9	82	855	127	11,25	1430	460	0,538	16,90	0,67
10	94	1140	145	12,05	1745	562	0,493	18,75	0,64
10,5	105	1330	163	12,70	2080	670	0,503	19,70	0,65
11,3	120	1770	186	13,60	2540	817	0,462	21,10	0,64

Vo = 5 m

n tours	$\mathcal{P}$ kg	$\mathcal{T}$ kg^{m}	$V_1 (V_1 - V_o)$	V_1 mèt^{res}	$(V_1+V_o)/2$	$\mathcal{T}$c kg^{m}	ρ	*np* mèt^{res}	λ
9	67	765	104	13,0	9,0	603	0,79	16,90	0,77
10	80	1020	124	13,9	9,45	750	0,74	18,75	0,74
10,5	90	1245	139	14,5	9,75	875	0,70	19,70	0,74
11,3	106	1640	164	15,6	10,30	1090	0,66	21,20	0,74
Vo = 10 m									
9	45	644	69,5	14,70	12,35	555	0,86	16,90	0,87
10	58	870	90,0	15,70	12,85	745	0,86	18,75	0,84
10,5	70	1080	108	16,50	13,25	925	0,86	19,70	0,84
11,3	85	1430	131	17,50	13,75	1170	0,82	21,20	0,83

n tours	$\mathscr{P}$ kg	$\mathcal{T}$ kg^m	V_1 (V_1-V_o)	V_1 mèt^{res}	(V_1+V_o)/2	$\mathcal{T}c$ kg^m	ρ	np mèt^{res}	λ
Vo = 12 m									
9	36	585	55,8	15,60	13,80	497	0,85	16,90	0,93
10	48	785	74,3	16,50	14,25	685	0,87	18,75	0,88
10,5	60	1010	92,8	17,30	14,65	880	0,87	19,70	0,88
11,3	75	1330	116	18,30	15,15	1135	0,85	21,20	0,86

De l'examen des tableaux ci-dessus, il résulte clairement qu'à un même nombre de tours, la poussée et le travail consommé sont d'autant plus faibles que la vitesse de remorque est plus grande. Le rendement augmente dans de notables proportions avec cette même vitesse et nous le voyons passer de 50 % au point fixe, à 87 % à la vitesse de 12 m à la seconde. Il en est de même du coefficient λ qui passe de 0,65 à 0,90. La vitesse moyenne efficace de sortie se rapproche donc de plus en plus de l'avance par seconde ; moins elle en est éloignée, plus le rendement est élevé.

Des données expérimentales ci-dessus, il est aisé de calculer le rendement propulsif ; on trouve qu'il atteint son maximum 74 % pour un recul d'environ 30 %. Pour ce recul de 30 %, le rendement propulsif théorique est de 82 %, l'hélice en question a donc un rendement organique :

$$0{,}74 / 0{,}82 = 0{,}90$$

égal à celui que nous obtenons par notre méthode de calcul.

Ce rendement, très élevé, nous montre que l'hélice essayée n'est guère susceptible d'être beaucoup perfectionnée et probablement, on arriverait à la même conclusion pour la plupart des excellentes hélices en bois que l'on sait maintenant construire.

Conclusions

De la grande différence des rendements de l'hélice au point fixe et en marche, on conclut que si l'hélice propulsive est déjà bien près de la perfection accessible, il n'en est pas de même de l'hélice sustentatrice qui pourra vraisemblablement être considérablement améliorée.

Nous croyons même pouvoir préciser la voie dans laquelle doivent être orientées les recherches. Il est en effet hors de doute que l'hélice propulsive doit son rendement élevé au fait que le flux d'air qu'elle débite est bien plus régulier, plus homogène que lors du fonctionnement au point fixe. Il faut donc pour en améliorer le rendement dans ce dernier cas, trouver les dispositifs qui régulariseront le débit de l'air à la sortie, de manière à en faire un flux régulier en grandeur et en direction. Et il y a là tout un programme de recherches à faire sur l'hélice sustentatrice et nous estimons que le guide le plus sûr dans cette voie, sera l'exploration systématique et minutieuse de la veine refoulée par l'hélice en mouvement.

L'intérêt pratique de ces recherches est très grand puisqu'elles peuvent conduire à la solution du problème de l'hélicoptère, solution peu probable maintenant à cause du faible rendement de l'hélice tournant à poste fixe ; mais solution certaine lorsque ce rendement aura été presque doublé, ce que nous savons maintenant n'être pas impossible à réaliser.

Deux hélices semblables à celle qui a été essayée par le capitaine Dorand soulèveraient 240 kilogrammes avec 47,6 HP au rendement 0,46. Elles en soulèveraient 360 à 86 % de rendement et l'on n'aura pas de peine à réaliser l'hélicoptère dans ces conditions, puisqu'aussi bien nous savons que la translation ne fera qu'améliorer encore le fonctionnement des hélices sustentatrices.

Or, l'importance pratique de l'hélicoptère est indiscutable car, outre qu'il résout simplement le problème de l'essor et de l'atterrissage, il semble aussi mieux fait que l'aéroplane pour les très grandes vitesses. Ce que nous savons de la poussée de l'hélice propulsive, nous montre en effet, qu'aux grandes vitesses de translation correspondront de très grandes puissances de moteurs et des difficultés spéciales apparaîtront dans la construction des hélices.

Le gros inconvénient de l'hélicoptère : la chute en cas d'arrêt du moteur, pourrait en retarder quelque temps le succès, mais il est probable qu'on ne tarderait guère à voir apparaître les dispositifs de sécurité et peut-être l'appareil mixte, *l'hélicoplane* comme l'appelait le colonel Renard, qui serait une judicieuse combinaison de l'hélicoptère encore à naître avec l'aéroplane déjà triomphant.

Mais, nous le répétons, cette ère de véritable progrès dans la navigation aérienne, ne sera ouverte que par le perfectionnement de l'hélice sustentatrice, et nous estimons qu'il y a là matière à recherches fructueuses pour les laboratoires d'aérodynamique.

D'aucuns ont pu croire que l'hélice actuelle était proche de la perfection réalisable et s'en sont désintéressés, semble-t-il. Nos calculs nous ont montré que, comme l'enseignait du reste le colonel Renard, la qualité des hélices pouvait être notablement améliorée et nous ne pouvons nous résoudre à admettre que la théorie nous disant qu'on peut doubler le rendement actuel, la pratique vienne nous empêcher de l'accroître dans de notables proportions.

L'indifférence est d'autant moins explicable que l'on sait très exactement dans quelle direction orienter les premières recherches. M. Riabouchinsky, M. Royer-Guillou, d'autres expérimentateurs encore, ont préconisé l'emploi de distributeurs et d'amortisseurs pour régulariser le débit des hélices.

L'idée est bonne, sans contredit, et il n'y a qu'à s'étonner de voir qu'on n'a pas même tenté un semblant de réalisation.

Table des Matières

- I -
L'hélice au point fixe

- II -
L'hélice en mouvement de translation

L'hélice en translation suivant son axe

aviation

www.decoopman.com

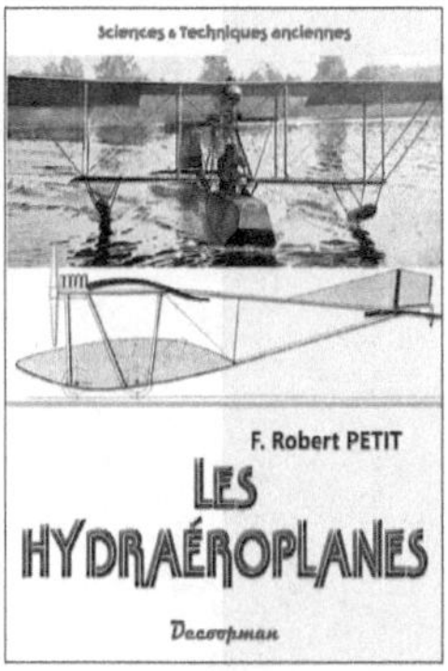

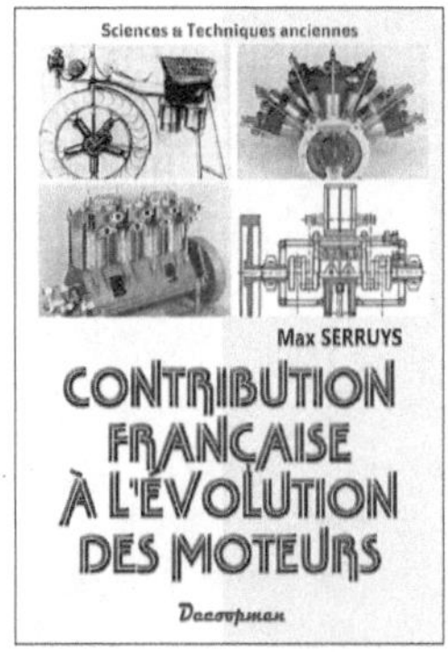

Éditions Decoopman - Ferrières - 30440 Saint-Laurent-le-Minier
Tel : +33 (0) 4.67.73.90.95 - web : www.decoopman.com - e.mail : livres@decoopman.com

www.ingramcontent.com/pod-product-compliance
Lightning Source LLC
LaVergne TN
LVHW102248061026
849522LV00013B/881
9782369652175